U0948880

慢思考

写给为梦想而奋斗的你

李娟 编著

中国轻工业出版社

图书在版编目（CIP）数据

慢思考 / 李娟编著 . — 北京 : 中国轻工业出版社，2019.9

（写给为梦想而奋斗的你）

ISBN 978-7-5184-2349-1

Ⅰ . ①慢… Ⅱ . ①李… Ⅲ . ①思维方法—青年读物 Ⅳ . ① B804-49

中国版本图书馆 CIP 数据核字 (2019) 第 179959 号

责任编辑：由　蕾

策划编辑：由　蕾　　责任终审：劳国强　　封面设计：张龙梅

版式设计：张龙梅　　责任校对：吴大鹏　　责任监印：张京华

出版发行：中国轻工业出版社（北京东长安街 6 号，邮编：100740）

印　　刷：北京画中画印刷有限公司

经　　销：各地新华书店

版　　次：2019 年 9 月第 1 版第 1 次印刷

开　　本：880×1230　1/32　印张：33.5

字　　数：500 千字

书　　号：ISBN 978-7-5184-2349-1　定价：198.00 元（全 5 册）

客服电话：010-85111939

网　　址：http://www.chlip.com.cn

Email：club@chlip.com.cn

如发现图书残缺请与我社邮购联系调换

181397G1X101ZBW

前言

着急好不好？好，也不好。着急只是让你做事迅速的手段，着急本身并不能解决任何问题。

人与人的性格不同，本无好坏之分。有人性格温和，遇事不慌不忙；有人脾气着急，处事容易冲动。每个人都有最美的一面：温和的人，可能更容易与人相处；着急的人，可能做事效率更高。但是，不管温和与着急，都是为了更好的前行，假如超过了界限，就变成了人生的负累，甚至做傻事的借口。温和最好做到：做事有条有理，不是慢吞吞变成拖延症。着急最好做到：做事雷厉风行，而不是急躁发脾气。

有些事情是急不来的，所谓“欲速则不达”。在急躁的情绪中，做事态度就会变得随便，事情就会越来越难以解决。

一个人在遇到麻烦的时候，难免急躁，遇到不顺心或者不平的事情时，甚至火冒三丈，但这种情绪恰恰解决不了真正的麻烦。急躁有一个很大的问题，它会分散人们的注意力。心浮气躁的时候，很难保持冷静的头脑去思考当下的状况，更难想出有效的方法去解决。

这个时候，直面困难，才有机会去克服它。方法其实不难，任何人都可以做到：要试着去想象和接受那个最坏的结果，然后让自己冷静下来，集中精力解决问题。保持冷静的态度，理智、客观地分析情况；预设最坏的结果，有助于让我们勇敢地面对困难。这个时候，才可以心无旁骛，把精力集中到解决问题本身。

许多人因为急躁做错了事情，又马上以性情急躁作为借口，掩饰自己的错误。事实上，急躁的情绪就是最大的问题，我们首先需要解决的，就是控制自己的急躁情绪。因为急躁会恶化问题。很多时候，本来只是一些小麻烦，在人急躁发怒之后，急躁引发的坏情绪导致了更严重的不理智行为，从而造成了更大的麻烦。急躁的人急匆匆去解决问题，但往往不顾对方的心理状态，一味将自己的想法加之予人，无法得到他人的认同。本意是解决问题，反而变成了一厢情愿，惹人厌烦。

急躁让人容不下其他观点，言行举止失当，埋下更大的隐患。急躁会让人头脑一热地发泄情绪，导致人最终失去自控的能力，不顾一切，做出失去理智的事情，给自己带来更大的麻烦。

有时候，急躁并非我们的本意，而是追求高效率的副产品。现代社会生活节奏越来越快，导致人们很难管得住自己的脾气、收得住自己的性子。忙忙碌碌的状态，很容易让人越来越急躁。但是，人不是软件程序，不可能时刻不停地高效运转而不出问题。人需要忙碌，也需要休息，需要适当的娱乐。忙碌得受不了了，就换一种放松的状态，分出时间来思考事情、梳理情绪，让心情变愉悦。

假如每天都是忙碌工作，生活没有停歇，我们的眼中就不会发现阳光与美好，而是充满阴云。任何事情都追求高效率，长此以往，效率无法继续提高，人的心情也会烦闷、抑郁。不急躁，自然就会看淡得失、克制欲望，人生态度会因此更加积极乐观。生活的美好滋味，需要舒缓的心来体会；急躁的情绪必然蒙蔽你的眼睛，让你看不到生活的美好。

让我们生活的脚步慢下来吧，生命充满了无穷无尽的力量，我们需要的不是急躁，而是一颗足够强大、勇于承担的心，来唤醒这个力量之源。

目录

CONTENTS

Chapter 1 —— 慢一点，培养自己的“静争力”

Chapter 2 —— 欲望断舍离，让身心自由

目录

CONTENTS

Chapter 5 —— 努力吧，永不放弃

Chapter 1

×

慢一点，培养自己的“静争力”

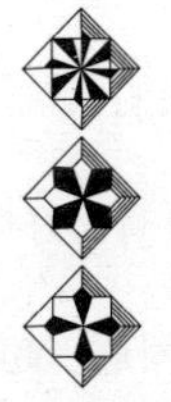

加入读者交流群
听音频学会在
快进的时代慢思考
» 入群指南见勒口

“速成”是人生的伪命题

我国著名的文艺大师丰子恺先生，在他的散文名篇《山中避雨》中提到了一段往事。

一日，丰先生和两个女孩去西湖山中漫步，忽然下起了雨，只得仓皇奔走。在茶棚躲雨时，两个女孩怨天尤人，苦闷万状，丰先生却发现了别样的乐趣。书中写到“一种寂寥而深沉的趣味牵引了我的感兴，反觉得比晴天游山趣味更好”。他甚至还找茶博士借了把胡琴，信手而弹。身边的姑娘被他打动，跟着欢喜起来，唱起了歌，越唱越热闹起来，引得三家村里的人都来观看……

就这样慢慢地，他弹着胡琴，姑娘们和着唱，后来村里的青年们也都出来了，跟着一起唱，这种欢快的气氛把苦雨荒山衬出一片片暖色。

丰先生活得通透，对天气没有喜好憎恶之别。对意外，也不求全责备，一切追求顺其自然。这种恬淡闲适、超脱自由的乐趣，几乎贯穿了丰先生的一生，让人羡慕不已。

而我们现代的人呢，却很难再找寻到这种惬意的状态，我们把什么都攥得太紧，怕耽误，怕浪费时间，一整天紧张兮兮，却又经常茫然。

我在刚大学毕业那年，给心仪的公司投递简历。当时不知道世事艰辛，不知道人生中的一些经历无法跳跃过去。去面试时，当我看到招聘要求是“要有耐心，有韧劲”，心里暗自发笑，总认为高学历和看起来远超他人的能力，才是唯一的敲门砖。

经历了多年职场的摸爬滚打和遭遇了人生的一些不顺之后，再审视现在，才发现“耐心”和“韧劲”，才是最珍贵的存在。而所谓的速成，也是不存在的，它根本是一个伪命题。

早上起床洗漱完毕，急匆匆的没耐心吃早饭；上课时没耐心记笔记；想减肥，去健身房坚持了几天，没耐心再继续下去；和别人有了矛盾，也没耐心解释；想学一点本领，稍微受点挫折，便没了耐心继续……

这种不耐烦，存在于我们的日常琐事中，经常会波及身边之人。

和爸妈通话，听不了几句就嫌他们啰嗦，聊天不过三两句，就会忍不住挂断；给父母买点电子产品，本想耐心地教他们，讲解了一会儿，发现父母仍然不懂，干脆给他们丢本说明书，自己撒手不管了。

为什么我们对至亲的父母也这么没有耐心呢？因为我们急躁，我们急躁地希望自己的想法可以很快被他们接受，急躁地希望他人可以按照自己的思想来行事。

我们忙着赚钱，忙着升职，忙着恋爱，我们每一天都在奔波，每一天都只是为生存忙碌，并享受不到生活应有的乐趣……

我们一切都想速成，结果却发现，一切都速成不了，万事都有过程。我们很多困局的存在，往往是因为不耐烦。而那些对“速成”的迫切欲望，那些不耐烦带来的精神损耗，伤害的是本应珍惜的思考和追问。

记得读大学时，每次临近期末，都会陷入焦灼期。复习来复习去，越来越焦躁烦乱。当时一位学长安慰我，说考试其实根本没想象中的那么难，不要天天想着把所有知识都记住，把所有重点都掌握。试着去简化自己的步骤，放慢动作，慢慢来，细细消化。我按照学长的建议去做了，效果很好。

所谓心浮气躁，本质在于“不够专注”和“太过心急”。其中的因果关系也很明了。心浮是因，气躁是果。解决方法也挺简单，让自己沉下心，一件件来。像上文提到的丰子恺先生一样，对于意外，不求全责备。不以物喜，不以己悲。也只有这样，才能耐心感受身边的善意和美好，耐心对待自己的困窘和不甘，才能真正地摆脱烦扰，取得进步。

保持一颗平常心，以不变应万变

我们的日常生活，看似平平淡淡，其实也是缤纷多彩的；它有时候让人欢喜，有时候也让人发愁，或许这才是生活本来应有的样子。如果我们想要在生活中保持快乐，那么就要求我们自身保持一颗不急不躁的平常心。

保持一颗不急不躁的平常心，也就是意味着，不管我们面对的是顺境还是逆境，是快乐的事，还是难过的事，依然能够保持平静和自如，以不变应万变。

常言道，人生不如意之事，十有八九。当我们面对生活中的不如意时，要及时跳脱出来，以一颗平常心，一双客观的眼睛去看待它。累了倦了，不妨抬头看看蔚蓝的天空，看看棉花般的云彩，让大自然的美好沁入我们的心脾，就好像小时候我们玩累了，就会躺在青翠的草坪上憩息，或是坐在茂密的大树下乘凉，感受大自然给我们带来的静谧，能让我们暂时逃离急躁，保持一颗平常心。

当我们面对生活中的困难时，也不妨暂时忘记烦忧，推开窗户，让徐徐的和风抚慰你的脸颊，让温暖的阳光在你肌肤上跳跃，在甜丝丝的空气里释放紧张的精神，去用心感受那一份简单的喜悦。

当我们面对生活中紧急的事情时，也不妨为自己泡一杯甘甜的茶水，或是冲一杯香浓的咖啡，让思绪暂时放空，让心情暂时放松。

有这样一个故事。曾经有一次，我国足球国家队即将迎战中国香港队，电视台记者对当时的国足队长李玮峰进行了采访。李玮峰在接受采访时表示：“和中国香港队的比赛，开场后的30分钟是黄金时间，最为重要。”

紧接着，他向记者解释说，之所以开场后30分钟最为重要，是因为队员们现在太紧张了，大家都认为这场比赛对接下来两年国足的发展会起到重要影响。

李玮峰认为，国足当下的整体状态不太好，队员们身体状况欠佳，也普遍感觉比较疲劳，因此在两场热身赛中得分都不多。他希望国足在调整后能够尽早恢复状态。

记者问李玮峰，应该如何克服紧张的心情。李玮峰告诉了记者自己的秘诀：“少看报纸，多喝咖啡。”他认为，在比赛中，心态非常重要，一定要保持一颗平常心，不能急躁。尽管当时国足队员的状态不太好，但李玮峰依旧对他们的比赛充满了信心。

这个故事距离现在已经很多年了，当时国足是否获胜我们暂且不深究，但是李玮峰队长的那一句话，却深深地刻在了许多人心里：一定要保持一颗平常心，不能急躁。

拥有一颗平常心，你会明白平静可以包容烦恼，淡然可以驱赶困惑。没有人知道未来会发生什么，没有人知道烦恼什么时候可以结束，但是一颗平常心就可以帮助你更好地去面对人生的不如意。

曾经，有一个修禅的徒弟问他师父："师父，我每天早睡早起，坚持打坐念经，心无杂念，自问没有人比我更用功了，为什么我还是没有办法参悟呢？"

师父笑了笑，没有立刻回答他，而是拿了一把盐巴和一个葫芦给徒弟，跟他说："你把葫芦装满水，再把盐巴倒进去，让它马上融化，到时你就会顿悟了。"

徒弟听了，遵照师父的话去做，可是过不了一会儿，他就苦恼地回去问他师父："师父，这很难啊，葫芦的口这么小，盐巴装进去后无法融化，我想拿筷子进去搅拌，又没有办法搅拌，这可怎么办好呢？"

师父接过葫芦，倒掉了一些水，然后将葫芦晃了晃，盐巴很快就融化了。他告诉徒弟："用功固然非常重要，可就如同这装满水的葫芦，搅不动，摇不得，又如何让盐巴融化呢？你又如何能够顿悟呢？”

徒弟依然不解：“师父，你的意思是不需要用功吗？”

师父耐心地解释道：“不是不需要用功，而是修禅就如同弹琴一般，琴弦太松弹不出声音，太紧则会断，松紧要刚刚好，修禅也一样，要保持一颗平常心，切勿过分急躁。”

徒弟终于恍然大悟。

对于上面这个小故事，星云大师是这样解释的：人世间的很多事情，并不是埋头苦干就能进步的，努力读书但是做不到活学活用，读的书便失去了意义。给自己留一点时间，去思考；给自己留一点空间，去转身。不必着急，不必执着，大概就是入道之门了。

保持一颗平常心，要求我们顺其自然，尊重规律，循序渐进，有序发展。也就是说，不管在哪种情况下，都做到不急不躁。俗话说：“欲速则不达。”想要一味地追求速度和效率，可能会因为过于急躁而出错，结果适得其反，不能成事。

急躁让复杂更加麻烦，简单才会悠然

很多人觉得，世事复杂，举步维艰。其实，世事可以很复杂，也可以很简单。所有的复杂都源于一个人的内心。如果一个人的思想是复杂的，他看这个世界的眼光就是复杂的；相反，如果一个人的思想很简单，那么再复杂的事情在他眼里也是清晰简单的。

思想复杂的人，性格容易急躁，生活在他们眼中只有麻烦和困难，往往忽略了生活的美好和事情的乐趣。思想简单的人，会把复杂的事情一步一步简单化，这样的人通常也拥有一双发现美的眼睛。因此，要想获得快乐，不妨先试着抚平自己内心复杂的思绪，从现在开始做一个简单而快乐的人。

冰心先生曾说：“如果你简单，那么这个世界也就简单。”其实，世界原本就不复杂，之所以会变得复杂，只是人的内心变复杂了。

因此，“简单”其实是人的一种可贵的品质。

海边有个渔夫，他每天的任务就是打一桶鱼，不多不少，因为一桶鱼刚好就可以维持他一天的生计。

渔夫每天打完鱼，都会悠闲地到岸边找一个舒服的地方休息，或是晒晒太阳，或是吹吹海风，生活十分简单快活。

有一回，一个商人对渔夫说："你既然有时间有余力，不如多打一些鱼，多赚一些钱，跟我一起合作做买卖吧。"

渔夫听了，问他："然后呢？"

商人回答："然后，你就可以挣更多的钱，等到你老的时候，就可以天天像这样在海边休息晒太阳了。"

渔夫听了，觉得商人说得非常有道理，于是发愤图强，每天打很多鱼去卖，过了一段时间后，他就赚到了一大笔钱，接着跟着商人做起了买卖。一开始的时候，渔夫觉得很快乐，每天都会有很多的收入。可是过了一阵子，渔夫觉得自己越来越不快乐，他发现，这并不是自己想要的生活。人的欲望是无限的，赚到了一些钱，就会想要赚更多的钱，内心越来越浮躁，无法如从前一样简单宁静。这种生活让他感到身心俱疲，于是他向商人请辞，想要回到海边。

商人不理解他的想法，问他："你这又是为什么呢？"

渔夫娓娓道来："做买卖的确让我赚到了钱，可是赚到了钱就只会想着再去赚更多的钱，这种想法让我失去原本内心的平静。我想回到原来的生活轨迹上去，尽管每天只是维持生计，但内心平静，不急不躁，我可以随时停下来享受生活。这样的简单，才是我真正想要的。”

的确，渔夫从前的生活非常简单，因为没有物质的欲望，可以平静地去享受简单带来的美好。做起了买卖之后，生活复杂了，内心也跟着复杂了，让他再也无法单纯享受生活。所以，最终他还是会选择去过原来的生活，因为那样的他，才是真正快乐的他。

世界上有很多所谓“复杂”的事情，其实只要能够用简单的心态去面对，一切“复杂”都会因为我们心境的改变而变得简单。简单，能够还我们一个纯粹的世界。

文学大师周国平曾经说过，现代生活缤纷多彩，要想获得真正的自由，就要记住一个古老的真理，那便是——活得简单。因为人生无法速成。面对如此纷繁复杂的社会，我们只有保持一个简单的心态，才能不受外界的影响，给自己留下一片纯粹而宁静的天空，去获得真正的自由。

人生短短几十年，简单一点，快乐一点。

做一个简单的人吧，不要被物欲所羁绊，学会用简单的方式去生活，用简单的想法去考虑，才能保留生命中最纯真的那一份美好。

上等人，有本事没脾气

一个人能够做到有本事而没有脾气，那是一种难得的修养。这并不意味着他人云亦云，没有自己的判断力，而是他能够做到在坚持自己原则和底线的前提下，能屈能伸，如此方能成就大事。

这里说的“上等人”，并不是指大额财富的拥有者，而是指那些拥有好心态的人。他们能够做到管理好自己的情绪，愿意听取和接受他人的意见，不断反省自身，修炼自己的内心，而不是去要求和改变他人。

有“儒士”之称的东汉名臣刘宽，就拥有人尽皆知的好脾气。有一回，刘宽坐牛车出门，在路上遇到有人丢失了牛，并且说刘宽那头用来拉车的牛就是他的。刘宽听他这么说后，自己下车走路回家，并没有与其争辩。

过了一阵子，那个人把牛还给了刘宽，因为他自己在回家的路上找到了真正丢失的那头牛。他感到非常羞愧，不停地向刘宽道歉，甚至是磕头谢罪，希望刘宽可以宽恕他。

刘宽笑了笑，对他说：“万物有相似，一时半会儿的失误实属正常，麻烦你帮我把牛送回来了，快快请起，不需要谢罪。”这件事很快传开了，老百姓们听闻刘宽拥有如此宽宏的肚量，纷纷表示称赞和敬佩。

刘宽可谓人如其名，脾性宽厚纯良，几乎没有发过脾气，即使是遇到紧急棘手的事情，也不曾动怒，就连他的夫人都觉得难以置信，便想了个法子去试探一下他。那一次，刘宽整理好衣着装束，正准备去上朝，夫人让家奴给他送去了一碗肉羹，并故意把肉羹打翻弄脏了刘宽的朝服。本以为刘宽会因此大发雷霆，结果刘宽不但没有生气，还第一时间关心家奴是否被肉羹烫伤。如此宽宏大量，让天下人都尊称他为宽厚的长者。

古往今来，有本事的人大多个性十足。然而，真正成功的有本事的人，一定是海纳百川的。我们熟知的南怀瑾大师，就是这样一个有本事而没脾气的人，他不仅外表文质彬彬，内心更是温和敦厚，他待人宽和，足以包容三教九流。

很多成功的人，都有一个共同的特点，就是宽宏大量。俗话说：“宰相肚里能撑船”，意思就是，想要成为一个成功的人，成就一番事业，必须要有容人的气度，心胸宽广，海纳百川，用人之长，容人之短，善于和不同的人打交道。

唐朝诗人孟郊的《审交》一诗中，这样说道：“种树须择地，恶土变木根。结交若失人，中道生谤言。君子芳桂性，春浓寒更繁；小人槿花放，朝在夕不存。莫蹑冬冰坚，中有潜浪翻。唯当金石友，可以贤达论。”这首诗强调了交友的重要性。也就是说，如果我们结交了有脾气而没本事的人，情谊就如同槿花开放那么短暂，早上盛放，晚上便会凋落；而如果结交了有本事而没脾气的人，情谊就如同一杯陈年好酒，即便天寒地冻，也无法遮掩它的芬芳香醇。因此，我们在与人交往的过程中，应更多地靠近这些上等人，不仅情谊绵长，还能帮助自己更好地成长，促进自己也成为一个上等人。

在我们的现实生活中，选择怎样的朋友很重要，甚至可以改变一个人的人生轨迹，决定一个人的成败。也就是说，和什么样的人在一起，几乎可以决定你拥有什么样的人生：与积极的人在一起，你不会消沉堕落；与勤奋的人在一起，你不会懒惰散漫；与充满智慧的人在一起，你也会收获不一样的人生。

曾有人说过，人生幸运之事有三：一是读书时遇到上等老师，二是生活中交到上等好友，三是成家时遇到上等伴侣。那么，如果你想成为一个上等人，如果你想变得优秀，就要选择与有本事而没有脾气的上等人交往，让自己与优秀的距离更近。

顺其自然，宠辱不惊

努力，是人们改变生活的必要品质，甚至是改变命运必不可少的一环。然而，人生中有很多事情不是努力就可以改变的，例如我们无法改变自己的出身，无法挽留逝去的亲人，无法让时间静止……这些，是尽我们最大努力也无法改变的。

但是，依然有一些人在面对这些人生中无法选择或无法改变的事情时，一味地执着或纠结。这般努力足以感动自我，却无法改变事情的结果，不会带来任何正面意义，相反，在多次努力却屡屡失败后，人也许会变得更加急躁而消极。其实，遵循自然规律，沉下心来，改变自己能改变的，接受自己不能改变的，才是一种值得提倡的生活方式。

就如庄子云：“穷亦乐，通亦乐。”也就是说，不顺利的时候，要保持乐观的心境，顺利的时候，也要保持乐观的心境，去顺应眼前的境况，不必一味强求，才能真正做到不急不躁，过上乐观豁达的生活。

有这样一个故事。唐朝药山禅师有一回带着两个弟子去化缘，他们在经过一条小河时，想要休息一会儿。禅师看到河边有两棵树，一荣一枯，一棵显得生机勃勃，另外一棵则了无生气。禅师看了看正在河边打水的两个徒弟，心想，我得看看他俩的修行。

接着，两个徒弟打水回来了，禅师指着那两棵树问他们："你们看这两棵树，一荣一枯，那么是哪一棵更好呢？"其中一个叫道吾的弟子说："枝繁叶茂的那一棵更好，因为它拥有鲜活的生命，看起来更有生气，还能让人们在底下乘凉。"禅师听了，只是笑了笑。

另一个名叫云岩的弟子则说："我觉得枯的那一棵更好，因为它可以为村民提供柴火，为大家带来温暖，还可以烧火做饭。"

禅师听了，说："你们俩都对，但是都不全对。"

两个徒弟皱了皱眉头，问师父："那到底是哪一棵更好呢？"

禅师平静地笑了笑："其实吧，荣也好，枯也好，荣的就任它荣，枯的就任它枯。"两名徒弟听了，恍然大悟。

其实，我们很容易为生活中发生的一些无法改变的事情产生急躁情绪，有时甚至会气急败坏，但是这些都是没有意义的。既然无法改变，那就应该学着去接受它，学着去寻找其中的乐趣。就好像，有些人不喜欢雨天，一到雨天就忍不住难过，做什么事情都提不起劲儿来，然而无论阳光还是阴雨，都是一种自然现象，既然我们无法改变天气，不妨试着去改变自己的心境，雨天也可以充满诗意，雨天也可以心情曼妙。

很多时候，顺其自然，才是最舒服的活法。

还有这样一个故事。和尚慧通多年禅修，一心向佛，可不管他怎么努力都没有达到禅悟的境界。为此，他非常急躁和苦恼，只好去请教了空大师。

了空大师看到慧通前来，邀请他一同吃午餐。准备的午餐是两碗面条，香气扑鼻，但是一碗大一碗小。慧通看了这两碗面条，便主动把大碗的给了空大师享用。

如果依照常理，了空大师应该表示礼貌，把大碗的再推回给慧通。可是，他并没有这样做，而是端起那一大碗面，自顾自地吃了起来。慧通看了，皱了皱眉，心里有些不高兴。然而了空大师似乎并没有察觉，继续吃面。

了空大师吃完面后，抬头一看，发现慧通和尚并没有起筷，于是问他："怎么不吃呢？"

慧通听了，只是叹了一口气，没有回答。

了空大师笑着问他："你是生气了吗？是不是觉得我没礼貌？只顾自

己吃。”

慧通还是没有说话，又叹了一口气。了空大师问他：“敢问禅师，如果我们刚刚让来让去，目的是什么？”

慧通说：“当然是为了让对方吃大碗的面呀。”

了空笑了：“这不就对了，让对方吃大碗的面既然是最终目的，那你让给我了，我吃下去了，不就达到你想要的目的了吗？怎么你还不开心呢？难道你刚刚的谦让不是发自内心吗？”

慧通听了，心里马上就明白了。

不以物喜，不以己悲，做到顺其自然，宠辱不惊，不必过多在意形式，不必急躁，保持心中的平静，自然就可以得到自己想要的生活。

这就好比，树叶总是顺着风向摇摆的，水流总是向着大海奔赴的。万物皆懂得顺其自然的道理，人也应如此。

别向急躁的世界举手投降

人性有很多弱点，急躁是其中之一，而虚浮更是人生大敌。性格过分急躁，可能耽误许多事情，严重的甚至会造成遗憾。心浮气躁的人，在做事的过程中只是单纯地追求速度和效率，而忽略了在事前的规划和准备工作，只凭着一股冲动去做事，往往很难把事情做好。

一个人如果想取得成功，不管是在学业上获得进步，还是在事业上获得肯定，都应该先改变急躁的性子，沉下心来，脚踏实地地去做事，把每一步走稳，把每件事做好，才能慢慢接近自己的目标，获得最后的成功。

在国外，有个年轻人突然在某一天下午心脏病突发，邻居发现后马上帮他叫来了附近诊所的医生，并且通知了他的父亲。

刚好他父亲的车子在那个时候被送进了修理厂，心急火燎的父亲在得知儿子生命垂危的时刻，忽然掏出一把手枪，对着红灯前面的一辆汽车大声命令道："你立刻给我下车！"汽车的司机刚要说话，就被他愤怒地呵斥："你给我闭嘴，再说话我就一枪打死你！"

父亲顺利地要到了这个人的车，快马加鞭地赶回家里，当他看到痛苦不已的儿子时，非常着急而又心疼地说："你再坚持一会儿，医生马上就要到了。"可是，时间已经过去了超过半小时，医生还没有赶到。

最后，这个年轻人在他父亲的怀里痛苦地死去了，父亲不禁失声痛哭。这个时候，医生才急急忙忙赶到。

父亲勃然大怒，对着医生破口大骂："你算什么医生，因为你的延误，我儿子已经死了！"

然而这个时候，医生也忍不住回骂了他："刚刚如果不是因为你抢了我的车，我也不至于延误！"

此时，这个父亲几近崩溃。到底是谁夺去了他儿子的生命？是病魔，更是他自己的急躁。

这个故事告诉我们，做人做事一定不能急躁，急躁很容易造成冲动，而冲动则很容易酿成大错。俗话说"欲速则不达"，成功没有捷径，更不能凭着一股盲目的冲动行事，只有踏踏实实地去做好每一件事情，才是通往成功真正高效的途径。因此，我们需要保持一颗平常心，遇到事情不急不躁，用最大的耐心去处理，才能做得更好。

在电影《蒙面侠佐罗》中，有这样一个场景：佐罗在训练自己徒弟的时候十分严厉，只要徒弟稍微做得不好，就会用皮鞭鞭打予以改正。徒弟年轻气盛，没过多久就非常生气，暴跳如雷地冲向佐罗，并且试图出手还击，佐罗轻轻一挡，说了一句："你要记住，生气的时候千万不能动手。"

的确是这样的，"生气的时候千万不能动手"，不仅不能动手，生气的时候也不能作判断、作决定，因为人在情绪不稳定的时候，容易酿成错误。而只有那些能够管理自己情绪，能够克服急躁的人，才能真正掌控自己的人生。

人生如水，把握生活尺度

俗话说“人生如水”，这也是我们中国人偏重柔性的人生观。林语堂先生在《无所不谈·论中外之国民性》中写道：“中国人的美德是静的美德，主宽主柔，主知足常乐，主和平敦厚；西洋之美德是动的美德，主争主夺，主希望乐观，主进取不懈。中国人主让，外国人主攘。外国人主观前，中国人主顾后。”

其实，水象征着世界万物最高的智慧，它虽然无形无色无味，但是不会消亡，更不会被折断；它从来不凸显自己，不炫耀自己，但是我们谁也离不开它。因此，做人就要像水一样，不夸耀自己，不贪图名利，默默地为社会做贡献。

古往今来，不少帝王将相都会选择用相对和平的方式去统一天下，稳定百姓。相反，有一些帝王会使用残忍的手段，最后断送自己的江山。其实，做人也是如此，如果能够像水一样，用柔和的心态和方式去努力达到自己的人生目标，这样的人生才会更有意义。

有这样一个故事。

从前，有一个年轻人过得很落魄，对自己的人生和目标感到很迷茫。

一天，他找到了一位智者，智者看着他精神不振的模样，主动问道："小伙子，是遇到什么麻烦了吗？"

年轻人回答："我感觉把握不好自己的人生，太迷茫了。"

智者微微一笑，拿起了手边的一个水瓢，然后舀起了一瓢水，问他："那么，你能告诉我这水是什么形状的吗？"

年轻人不解："水哪有形状呀？"

智者没有回答，把水倒进了一个杯子里，年轻人忽然就明白了，说："我明白了，水的形状就是杯子的形状，对吧？"

智者还是没有接话，又把杯子里的水倒进了一个花瓶里，年轻人又改变了看法，说："水的形状，如今就是花瓶的形状了。"智者摇了摇头，又把花瓶里的水倒进一个装满沙土的盆里，水一下子被沙土吸收了。

这个时候，年轻人沉默了，他若有所思。智者俯身抓起一把沙土，感叹道："你看吧，水就这样不见了，这就是人生啊。"年轻人对于智者的点化，琢磨了很久，然后高兴地说："我明白了，你想通过水来告诉我，人生就像水一样，社会则是各个规则的容器，水可以因此形成各种形状，还可以迅速地消失。”

智者还是摇了摇头，说：“是这样，也不是这样。”接着，智者又把年轻人带到了屋檐下，智者摸了摸青石板的台阶，然后似乎摸到了什么东西，就停下来了。

于是，年轻人也跟着智者把手放在青石板的台阶上，他明显感受到了那里凹进去一块，但是他不明白这个凹处是怎么形成的。智者对他说：“下雨的时候，雨水就会顺着屋檐滴下来，这里就是雨水经常击打的地方。”

年轻人一下子恍然大悟了，他说：“这下我明白了。人不仅会被装进一个个容器里，还会如水滴一般，改变青石板的形状。”智者听了，终于笑着点了点头。

水，具有轻柔的特征，但正是它的以柔克刚，才令石头无法阻挡其前进的步伐。人生如水，身处的环境中或许充满了各种各样的挫折和困难，但是人要学着去适应环境，进而改变环境。萧伯纳曾经说过：“明白事理的人是自己适应世界，不明白事理的人却硬想使世界适应自己。”只有适应环境，才会有机会改变环境，才能逐步实现自己的价值，成就一个精彩的人生。

现实生活中的很多事情，即使是一样的环境、一样的事情，让不一样的人去做，同样可能产生不一样的结果。之所以会出现这样的状况，是因为每一个人把握的度不一样。如何把握好人生的度，就是做人的哲学。它不仅可以反映出一个人的能力和素质，还能够体现出一个人的人格。

很多人把人生形容为“行走在独木桥上”，因为底下就是万丈深渊，无论向左偏移还是向右偏移，掌握不好平衡，就会掉进万丈深渊中去，只有把握好那个度，才可以到达幸福的彼岸。因此，我们要把握好那个度，不仅要善于经营好生活，还要学会言行得当，表达好自己的思想。

加入地域交流群
和同地区书友
共享慢思考
» 入群指南见勒口

忙中有闲，忙里偷闲

“最近忙吗？”

“忙呀。”

现在我们好像都很忙，一忙起来就容易乱，头脑不清醒；一忙就容易急躁，心情不得平和；一忙就很容易认识肤浅，不能冷静认真地思考；一忙就容易只顾得眼前。忙忙碌碌，往往忙得没有了主见，只能附和；往往忙得没有了远志，只能平庸。其实仔细想一想，我们的很多时间都是在做无用功，甚至得不偿失。

人生在世，不能不忙，也不能没有闲暇。有忙有闲，亦张亦弛，才不会人为地绷断生命之弦，加速燃尽生命的膏油，才会使人既能享尽天年，又有所作为。想要做到这一点，关键要学会忙里偷闲。

宋朝诗人黄庭坚说过：“人生政自无闲暇，忙里偷闲得几回？”这就告诉人们人生是忙碌的，所以要学会忙里偷闲。忙里偷闲既符合文武之道，也符合自然规律。

自然界都有忙闲的规律，春夏生机勃发，万物生长，到处燕舞蝶飞；秋冬收敛萧索，万物沉寂，处于休眠状态。人本身也是属于自然的一部分，所以人生不可不懂休闲，不可没有休闲。既然大多数人不可能有很多时间休闲，就只能忙里偷闲。忙里偷闲不是偷懒，而是让紧绷的弦放松，是给滚烫的机器降温，是为新的冲刺蓄力，它的好处是无穷的。

首先，偷闲有利于提高工作效率。会休息的人才会工作，忙里偷闲是紧张工作过程中的自我调节，适当放松，也就是在没有感到疲劳时就提前休息，或主动休息。从生理学角度看，这是迅速恢复体力，提高工作效率的最佳方法。因为当人体感到疲劳时，体内产生的乳酸、二氧化碳、水分等在肌肉内堆积过多，会妨碍肌肉细胞的活动能力，长此以往就会积劳成疾。所以，在没有感到明显疲劳时，体内积蓄的代谢废物较少，稍休息一会儿便可消除。忙里偷闲，可以抽出很短的时间做些自己喜欢的事，如听音乐、散步、小憩等，都能起到放松的作用，并能达到事半功倍的效果。

其次，偷闲有利于身体健康。白居易曾作《闲眠》诗说：“暖床斜卧日曛腰，一觉闲眠百病消。”说明了休息对身体健康的重要性。当你躺下时，你的全身肌肉得到了放松，心率开始减慢，紧张感开始消除，心境也跟着平静下来。研究发现，工作中哪怕只休息一会儿，如打 5 分钟的盹儿，收到的效果也会非同一般。偷闲的实质就是让紧绷的神经得到放松，哪怕放松片刻都是有好处的。

有的人会说：“我也想偷闲一下，但我实在是太忙。”其实偷闲并不难。

第一，偷闲要懂一点情趣，要有一点智慧。上班时终日与数据、图纸打交道的设计师们，如果回家能偷闲种些花草，养些犬鸟虫鱼，精神必然会豁然开朗，振作许多；每天忙于上手术台的医师，偷闲片刻若能读几页文学小说或幽默漫画，会心一笑之余，既舒缓了精神，又调节了心情，手术成功率或许会更高一些。

第二，偷闲还要有几分豁达。休闲、娱乐，最忌有功利心。去钓鱼，兴趣在钓，而不在鱼。即使钓了一整天收获全无，也不必气馁，因为钓的过程和情趣充分享受到了，又有何遗憾？如果去看望亲朋好友却不遇其人，也不必沮丧，因为来回沿途市井风情全让你尽收眼底了，这岂不是经历了一回采风调查？凡此种种，如果都能以豁达的心态对待，那便是达到偷闲的至高境界了。“自得其乐”，说的就是这个道理。

努力不必太着急

我国魏晋南北朝时期笔记小说的代表作《世说新语》中，有这样一个故事：王蓝田性急。尝食鸡子，以箸刺之，不得，便大怒，举以掷地。鸡子于地圆转未止，仍下地以屐齿蹍之，又不得。瞋甚，复于地取内口中，啮破即吐之。王右军闻而大笑曰："使安期有此性，犹当无一豪可论，况蓝田邪？"

这段话的意思是：有一个叫王蓝田的人，性子十分急躁，有一次他吃鸡蛋，想直接拿筷子去扎，但是没有扎到，便把鸡蛋扔到地上，鸡蛋不停地旋转，于是他下来用木屐鞋底去踩它，结果还是没有踩中。王蓝田气极了，从地上捡起鸡蛋来，咬破了就吐掉。王羲之听了，哈哈大笑地说："王蓝田的父亲王承性格也是如此，不值一提，更何况王蓝田呢？"

在这个故事中，王蓝田的行为多么可笑，如此急躁，连吃鸡蛋都没有耐心，何况是做其他事情呢？

现在的时代，焦虑是一种很常见的状态。看见身边的人买房的买房，买车的买车，而自己好像没什么进步，依旧在原地打转；看见别人的事业蒸蒸日上，而自己却每天两点一线，过的毫无生机……这种种的比较让人变得焦虑和急躁，开始不安心，不甘于当下。而一旦心态浮躁，思想就会懈怠，行动必然打折，就很难再脚踏实地去努力和行动，产生消极心态，影响个人发展。

阿梅在一个上市公司工作了 5 年，工作认真负责，兢兢业业，深受好评，前一段时间公司的销售经理离职，岗位空缺，这个管理岗位负责的团队有 30 多人，是个重要的职位。公司内部很多“有志青年”都跃跃欲试，阿梅便是其中一位。

阿梅从大学实习时就来到这家公司，一直到现在，到公司已经 5 个年头。因为她很努力好学，非常上进，待人做事也得体，今年上半年已经提升为小组长，负责一个 5 个人的小团队。

她给自己设定的职业发展道路是职业经理人。为了提高自己的能力水平，她每天下班都要学习英语，勤奋程度众所周知。这时岗位空缺，阿梅想想自己这么多年的努力，认为这是一个好机会。她相信凭借自己的努力和快速学习的能力，自己完全可以胜任。

后来她投送了简历，也经过了内部的层层面试，等我再见到她时，她表现得非常失望和不甘心。

阿梅说："他们认为我还需要再历练几年，说我不够成熟。我虽然只管理过 5 个人的小队伍，但是我一直很努力，从不偷懒。而这个岗位如果从外面招人，没有三四个月是很难上手的。我在公司 5 年，对各方面都很熟悉，为什么不能选择我呢？我真是很失望，很不甘心，这么好的机会以后很难再有了！"

我对这个岗位是比较了解的。这个岗位需要销售支持，管理几十号人。作为领导者，需要有很强的业务能力，能够对下属进行及时的业务指导，可以协调各个部门进行合作，同时还需要对一些突发情况进行紧急处理，这不仅要求候选人具备较强的综合管理能力，还要有丰富的实战经验。

而阿梅毕业后一直从事的是行政和人事工作，实战经验并不具备。仅靠一腔热血，没有经验加持和高效的领导力，确实是无法胜任这个岗位的。

人们都希望往山顶爬，因为山顶的风景最美妙，可那些需要我们挥洒汗水，磨破手脚，一步一步攀爬，靠着执着和百折不挠的韧劲才能登上顶峰，而这些过程无法逾越，是必须经历的。

阿梅工作 5 年，工作认真努力，成为小组长，和公司其他同时入职的人相比，算是发展较快的了。可是想跃上位高权重的管理层，却还有一段距离，这个时候更需要沉下心来，踏实做好手头的工作，与此同时，努力提高自己，去接受一些更具有挑战性的工作，积累经验，锻炼能力，让公司看到她的认真和潜能。这样，说不定下一次提升的就是她。

著名演员陈道明曾说过这样一句话，可送给所有的“阿梅”们:

要努力，但是不要着急，凡事都有过程。

加入读者交流群
听音频学会在
快进的时代慢思考
» 入群指南见勒口

克服急躁，收获美好

科学研究表明，当一个人长期处于急躁的精神状态，身体免疫力就会跟着下降。因此，意识到自己经常急躁紧张的人们，要善于调整自己的心理状态，从急躁和紧张中释放出来，不要让情绪影响了我们的身体健康。

必须说明的一点是，世界瞬息万变，这个人山人海的社会每天都在发生着许多让人预料不到的事情。不管我们愿不愿意，我们都无法改变这样的情况。因此，当我们面对很多无法改变的事情，甚至是发生了一些不如意的事情时，要记住，急躁永远都是无法解决问题的。遇到事情不应急躁，如此才能保持清醒的头脑，想出解决的办法。

有这样一个故事。有一个小和尚生了病，平日里活泼开朗的他，突然有气无力地躺在床上休息，老和尚看了，皱了皱眉，便为他熬了一碗药。小和尚喝了，马上觉得精神好了很多。好动的他心想：既然喝一服药就有如此大的效果，不如一次性把药全部喝了，病不就能好得更快了吗？于是，他背着师父，把剩下的药全部熬了，咕噜咕噜一次性喝光了它。

小和尚以为这样病就能痊愈了，没想到过不了一会儿，肚子居然疼痛难忍，疼得他连求救的力气都没有了。如果不是刚好师兄进去看他，小和尚也许就因此一命呜呼了。

小和尚获救后，师父告诉他，治病和很多事情一样，要一步一步来，不能一蹴而就，要克服急躁心理，才能达到自己想要的结果。

俗话说，胖子不是一口吃成的，长城也不是一天建好的。种一棵树，需要浇水施肥，需要漫长的时间才能看到它枝繁叶茂，茁壮成长。做人也一样，凡事都要循序渐进，一步一个脚印地走，只有走好每一步，走稳每一步，才能拥有一个更美好的明天。人生不确定的事情很多，不如意的事情也很多，愈是遇到困难挫折，愈是保持冷静沉着，用一颗平常心去面对。否则，不仅解决不了问题，可能还会受到更大的损失。

有些时候，不是生活中充满了困难和烦恼，而是我们内心的浮躁让我们不断地去重复体验烦恼。

不管遇到什么事情，不管事情是大是小，想要做得好就必须要有事前规划和准备工作，过程一步一个脚印，才能够获得圆满的结局。许多急躁的人，做事往往是虎头蛇尾的，因此总是无法善始善终。如何克服我们的急躁心理呢？方法是多种多样的。例如，你可以在遇到紧急事件时给自己多点积极正面的心理暗示，“深呼吸，别着急”“慢慢来，不生气”；又或者，在心中数数，回忆过去美好的往事等，帮助舒缓那一刻焦虑的情绪。

而如果你总是因为某件事或某个人影响到情绪，那就暗示自己不要去想了，转移注意力到其他事情，例如读书、听音乐、看电影等，这不是在浪费时间，而是为了管理好自己的情绪，以便迎接下一件更有意义的事。

从心性出发，做更好的自己

常言道："性格决定命运。"可见一个人的性格有多么重要。很多人觉得，性格是先天决定的，后天无法改变。一个人的性格可以体现一个人的修养，虽然性格有一部分是由先天决定的，但是良好的修养也可以培养造就良好的性格。

性格多种多样。有的人比较温和，有的人比较暴躁；有的人比较强悍，有的人比较懦弱；有的人比较外向，有的人比较内向……俗话说："江山易改，本性难移"，这里的"本性"便可以理解为性格。

如果把一个人的性格比喻作"内力"，那么外在做出的各种行为都是内力在引导的，而外在的行为就是一个人的修养。好性格可以造就好修养，拥有好性格的人，懂得自律，懂得约束自己的行为举止，控制自己的欲求，如此方能收获更圆满的人生。

有这样一个故事。从前，三兄弟千里迢迢去寻找智者，询问自己未来的命运如何。智者听了他们的问题后没有回答，而是问道："假设在遥远的天竺大国寺里，有一颗珍贵无比的夜明珠，现在让你们去取，你们会怎么做呢？”

大哥说：“夜明珠在我眼里不过就是一颗非常普通的珠子，所以我不会去取。”

二哥说：“我会不顾一切，去把夜明珠取回来的！”

三弟犹豫地说：“天竺路途遥远，且充满艰难险阻，我担心半路会遇到什么危险呀。”

智者听了他们仨的回答，微笑着说：“你们的行为是由你们各自的性格决定的，你们的命运也是如此。老大淡泊名利，自然不会有太多的欲求，这样的性格会得到很多人的照顾和帮助；老二不畏艰难，意志坚强，你的前途必然会一片光明，将来也必成大器；老三性格怯懦，不够果断，怕是会庸碌一生了。”

性格决定着我们的行为，而行为的总和则组成了我们的人生。性格就好比一颗种子，做人做事的方式就是果实，俗话说“积行成习，积习成性，积性成命”，也就是说，不同的性格，造就了不同的命运。

人们所熟知的屈原，他敢于谏言的性格，让他成了朝中的重臣。然而，另一个方面，由于他性格中的孤傲和固执，也让他高处不胜寒。众所周知，屈原是一位浪漫主义诗人，他常常穿着打扮标新立异，无处不体现着他独特的气质。然而，他性格中自负而又悲观的部分，让他养成了孤傲执拗的性格，最后导致了自杀的悲剧。这就是典型的性格决定命运的例子。

虽然性格有一部分是天生的，但也不全是无法改变的。后天的塑造，正面例子的积极影响，会帮助人不断地提升自身修养。而良好的修养又会反过来完善自身的性格。这两者是相辅相成、互相促进的。所谓“修身养性”，其实也是在表达这个意思。

每个人都有性格，性格的好与坏，基本上决定了一个人修养的高与低。从一个人的行为举止中，也可以看出这个人的修养如何。然而，修养是可以提高的，内在的修养就好比修炼内功，轻易看不出变化和痕迹，但是却会在不知不觉中影响着性格的改变。南怀瑾大师说过，不要以个性待人，必须以修养影响人。如果要做一个真正有个性的人，就必须要从心性出发，学会做一个有修养的人，去完善自己的性格。

Chapter 2

×

欲望断舍离，让身心自由

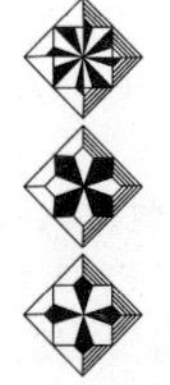

生活越紧张，越要慢一点

现代社会，追名逐利也成了一种常见的现象。在这样的大环境下，我们更要保持一种从容淡定的态度，保持一颗平常心，以最简单朴素的生活方式去体验心灵最深处的美好和充实，才能做到远离喧嚣。

随着经济的不断发展，人们的生活节奏也随之加快。高效、快速似乎成为很多人生活中的“主题”：成名要快、升职要快、加薪要快……在这样的生活氛围中，浮躁似乎成了多数人的心态，而从容淡定愈发成为一种难以企及的境界，有时候甚至成了一种奢望。的确呀，在竞争如此激烈的社会，能够保持内心的从容淡定，也是一种难能可贵的福气。

为何如今想要保持从容淡定变得越来越难？原因在于，在竞争愈发激烈的当今社会，人们越来越看重个人的得失，因此内心会越来越浮躁，难以保持一颗平常心。业绩的下滑、人际关系的纠纷、上级领导的压力等，被人们看作生活的重心和焦虑的根源。其实，在人生的漫漫长河中，这些不过是微不足道的小事。尽管经历了事业上的挫败，但如果你早已做好了接受最坏结局的心理准备，当困难和挫折真正降临到头上时，亦能用最从容淡定的态度去应对。甚至，可以把这些困难和挫折化压力为动力，让它们成为你成长的垫脚石。

很多人都意识到，想要在社会上立足，就必须要参与竞争。毕竟，名利对于大多数人来说，诱惑力还是非常大的。然而，一个真正的聪明人，他参与竞争的同时，却能做到看淡名利，不被其破坏自己内心的平静。人一旦受困于名利，就无法真正得到悠然自得的生活了。

庄子的《逍遥游》中记载了这样一则寓言故事：尧想把天下让给许由，说："日月都出来了，而烛火还不熄灭，偏要同日月比光辉，不是很难吗？先生在位，天下便可安定，而我现在却占着这个位置，觉得非常羞愧，请容我将天下让给你。"许由却说："你已经将天下治理得很安定了。而我如果代替你，为图名或是求高位吗？小鸟在森林里筑巢，所需不过一枝，鼹鼠到河里饮水，所需不过满腹。我要天下做什么呢？你请回吧。"

许由没有接受王位，而是选择了隐居山林，真正可以做到不受困于名利，不负其贤人的称号。这份难得的淡定和从容，值得世人敬佩。

追逐名利，实乃人之常情。在这里，不是提倡我们应该放弃名利，关键的问题在于你是否能够自控。古人有云："求名之心过盛必作伪，利欲之心过盛则偏执。”对于名利，我们要拿得起放得下，不把一切看得太重，用一种“不以物喜，不以己悲”的态度去对待它，就不会因此受到困扰和羁绊，不会因此而扰乱内心的安宁。

早在几千年前，老子就已经意识到人性自私贪婪的弱点，他常常思考关于名利、财富和得失等问题，并且提出了一个看法：过度的拥有必然会导致更多的失去，过度的贪婪必然会因此付出沉痛的代价。老子说过：“夫唯不争，故天下莫能与之争。”意思就是说，如果一个人内心平静，无欲无求，就足以立于不败之地。可是，这么多年以来，能够有如此高深的领悟和智慧的人确实不多。

在面对名和利的时候，人们往往难以保持一颗从容淡定的心，常常心浮气躁，为之追逐和奔忙，最后导致心情压抑。不管是面对名与利，还是得与失，每个人都应该拥有一颗平常心，如此才能时刻保持清醒的头脑，回归心灵深处的宁静，过上自由而轻松的生活。

能够保持从容淡定，也就意味着，能够成为一个理智客观的现实主义者，不对这个世界抱有不切实际的想法。要明白，公平公正不是绝对的，而是相对的，所谓完美也是不存在的，人性也充满了各种各样的弱点……当我们能够做到客观冷静地看待这些时，即便是不幸遇到不公平的对待，或是冷遇和委屈，也能够从困扰中释放出来，不会自怨自艾，也不会自暴自弃，反而会重拾信心，耐心地等待机会。

人生处处都可能存在诱惑、悲凉、冷漠，我们既然无法改变，那就保持内心的从容和淡定，用清醒的头脑去面对它。不要让自己成为名利的奴隶，也不要让自己受困于无穷无尽的物欲。服从自己的内心，做自己想做的事，做自己该做的事，一样可以过上我们想要的生活。因此，用从容去引领生活，用淡定去引导生活吧，这份悠然就会始终伴随你的左右。

一直在计较，哪有时间快乐

有的人总是难以感觉到快乐，那是因为他拥有的不够多吗？当然不是，是因为他一直在计较。有的人总是很难感觉到幸福，是因为他真的不幸吗？也不是，是因为他一直在计较别人的幸福比他多。

斤斤计较的人，不允许他人拥有的比自己多，也不允许别人得到的幸福比自己多。一旦看到别人过得比自己好，便会心生妒忌和急躁，并伴随着焦虑感和挫败感。过分计较，会蒙蔽一个人的眼睛，为了得到别人没有得到的东西，为了追求无穷无尽的名利，导致自己一直忙忙碌碌，根本没有时间去享受生活。

我们总是对自己的生活不满，却不曾想到，也许我们的生活别人已经羡慕不已。大多数时候，我们都是比上不足比下有余的。当你意识到这一点时，该做的事情就应该是感恩和珍惜，而不应该过分计较金钱或虚名，因为这样日子会过得很辛苦，爱计较的人是感受不到快乐的。

有一个农民，他感到很痛苦，于是只好去向智者求助："我真的快要疯了，家里环境太差了，我们家族四代人现在挤在一个小房子里，家里每天吵得鸡犬不宁，我的精神都快要崩溃了。”

智者说：“你真的希望可以得到我的帮助吗？那么，接下来一定要按照我的话去做。”

农民马上点头答应了。

智者问他：“你一共饲养了多少牲畜？”

农民想了一下，回答他说：“两只狗，四头牛，五只羊，八只鸡，八只鸭子，九头猪……”

智者说：“那你就把它们一起养在你现在住的房子里吧。”农民听了感到非常不解，但是为了得到智者的帮助，只好照做了。

一个星期之后，农民崩溃地找到了智者，跟他说：“整个屋子充满了恶臭，所有人都快发疯了。”

智者说：“那你快回去把所有的牲畜赶出去住吧。”

农民开心地立马赶回家里，把所有的牲畜都赶了出去，感觉屋子突然像天堂一般干净温暖，且充满了温馨的气息。

其实，智者就是想用这种方式告诉农民，与其说是当下贫困的环境让农民心情崩溃，还不如说是他计较的性格所导致。因为计较越多，快乐就会越少。

农民因为过于计较，导致心浮气躁，于是看不到自己拥有了什么，只看到自己遭受了什么，所以感觉不到任何快乐。一个爱计较的人，内心是狭隘的，他看不得别人过得比他好，也受不了别人比他强，所以他无法得到真正的情谊，也许一生都要忍受孤独；一个爱计较的人，他看不到自己拥有的幸福，只一味地想自己缺少什么，或失去了什么，很难获得满足感；一个爱计较的人，每天都会着眼于琐碎的事情，鼠目寸光，只能做一只井底之蛙。

科学研究表明，如果一个人过于斤斤计较，还可能会导致睡眠质量下降，消化系统紊乱，免疫力下降，引发神经性疾病等。

更可怕的是，如果一个人过于斤斤计较，就总会把自己放在世界的对立面，总是以怀疑的目光去看待这个世界。这种人在骨子里就是贪婪的，欲念过重，导致负担过重。试问，肩上背负着沉重的包袱，人生又怎么可能轻松愉快呢？终日计较，又怎么会有时间快乐呢？

欲望有度，才能回归初心

很多人都说自己贫穷，那么，到底什么才是真正的贫穷呢？知足的人永远不会觉得自己贫穷，而贪婪无度的人永远都不会觉得自己富有。物欲过重，很可能会成为生命中无法承受之重。用辩证唯物主义的思想来解释，就是量变必然会引起质变。欲求有度，合理的欲望可以成为人生奋斗的动力；欲求不满，动力就会变成一把伤害自己的锋利的刀。

古人有云：“弱水三千，只取一瓢饮。”任何事情都应该有个度，欲望也是如此。如果因为欲求不满，而失去了做人的原则和底线，那么人生就会失去了意义；如果因为欲求不满，整日忙忙碌碌，那么人生就会失去很多乐趣。

一个人的时间是有限的，精力也是有限的，谁也不可能面面俱到。如果你要求自己一定要面面俱到，那么不仅浪费时间精力，而且到头来很多事情会因为要求过高反而失败，疲惫不堪的同时会感到强烈的挫败感。欲求无度的人，往往是急躁的，一会儿因为得不到这个而生气，一会儿因为做不到那个而失望，一会儿和亲人计较，一会儿和朋友算计，这不是让人身心俱疲吗?

传说，有位高僧下山去说法，在一家店铺里看到一尊释迦牟尼像，由青铜铸造，非常精美，形态样貌逼真。高僧感到非常喜悦，希望能够把它请回去供奉，可是店铺老板叫价 50 元，一分都不肯少，看高僧这么喜欢这尊佛像，更是不愿意减价了。

这位大师回到寺里，跟众僧谈及此事，大伙儿都很着急，问大师打算用多少钱去买下它。高僧回答："5 元足够了。"大家感慨地说："那怎么可能呢?"高僧说："天底下的事情都是有办法解决的，如果天下所有人都欲求不满，那是他们得不偿失啊。我佛慈悲，普度众生，我会让他仅仅赚到这 5 元。"

大家问高僧："那么，如何普度他呢?"

高僧笑着说："让他忏悔。"

听了高僧的话，众僧于是更加不解了。

高僧说："你们尽管按我的话去做吧。"

第一个弟子下山去和店铺老板砍价，弟子开价 45 元，咬定不放，老板不同意，他无功而返。

第二个弟子第二天又下山去和老板砍价，弟子开价40元，也是咬定不放，同样无功而返。

第三个弟子第三天也下山去和老板砍价……

就这样，直到第九个弟子下山去和老板砍价时，所开的价格已经低到了2元。眼见着这价格一天比一天低，老板非常着急，一天比一天后悔，早知道就卖给上一个人了，于是他开始责怪自己的贪婪。

到了第十天，老板心想：今天如果再有人来，不管他出多少钱，我都得卖了。这时候，高僧亲自下山了，他和老板说，他愿意出5元买下这尊佛像。老板高兴坏了，今天的价格居然比昨天高了，于是赶紧把佛像卖给高僧，并且赠送了一具龛台。

高僧得到了那尊钟爱的佛像，但谢绝了老板赠送的龛台，并说了一句话："欲望无边，凡事有度，一切得适可而止。"

就好比，一匹矫健的马，任它怎么厉害，被马辔套上时也只好任人驱使，因为被绳牵住；一只风筝，飞得再高，也无法冲破万里高空，因为被绳牵住。我们的人生，又是被什么牵住了呢？答案就是：欲望。

正如德川家康的名言："人生有如负重致远，不可急躁。视不自由为常事，则不觉不足。心生欲望时，应回顾贫困之时，心怀宽容，视怒如敌，则能无事长久。只知胜而不知败，必害其身！”

急着得到一个职位，有的人花大钱，托关系，走后门；急着分出一场输赢，有的人弄虚作假，有的人不择手段；急着得到一段感情，有的人殚精竭虑，茶饭不思，惆怅万千。

欲望名利就如同一根绳，紧紧地束缚着我们的手脚，让我们不能在人生道路上自由地奔跑；名利欲望就如同一只大手，一直在背后推着我们走，让我们不能在路途中休憩，欣赏沿途的风景。如何才能获得自己想要的人生？答案很简单，砍断这根缰绳，甩开这只大手，欲望有度，方能回归我们的初心，让生活更美好自由。

天地间的宝贝无数，两只手的你能拿多少

王宇从小到大都生活在南方的一个小城市，家里虽算不上大富大贵，但从小也是衣食无忧，一家人生活得很幸福。王宇结婚之后和妻子的感情很好，两个人平日里一起洗衣做饭，生活平淡而温馨。每到周末，王宇就和妻子一起回去看望父母，替他们打扫屋子，陪他们说说话。后来，王宇和妻子有了自己的孩子，一家人都高兴极了，生活越来越幸福。

可不知道从什么时候开始，王宇身边兴起了一股出国“淘金”热潮。其实，说白了就是去国外打工，干一些粗活累活。但是出国就能挣到美元欧元，听上去总是具有吸引力的。王宇觉得虽然现在家里经济条件还可以，但是毕竟房子小，以后孩子的教育也是一个问题，可以说，一切都需要更多的钱。经过考虑，王宇决定和几个伙伴一起，加入出国“淘金”的队伍，妻子虽然不乐意，但也不好说什么，只得一个人照顾家庭和刚出生的宝贝。

在国外打工，可想而知是多么辛苦，王宇也有想家的时候，也有想过放弃的时候，可一想到自己的家人将来可以过上更好的日子，他就咬咬牙

坚持了下来。每次和妻子打电话，都总是开心地跟她说：“亲爱的，咱家又能添新电器了”“老婆，下个月我可以给你买一份新的礼物了”“等忙完回去，我就要换一台车”……

一开始，妻子听了王宇的话，心里很高兴，可时间长了，王宇再说这些也没什么值得高兴了。爸妈的身体不好，孩子还小，王宇的妻子一个人根本忙不过来，有时候她下了班，拖着疲惫不堪的身体回家，家里冷冷清清的，连个说话的人都没有，就会觉得自己特别孤单和可怜。在她眼中，王宇所付出的努力对于一个家庭的完整和幸福来说，意义没有那么大。

转眼间，王宇出国已经三个年头了，妻子再也受不了这种孤独的生活了，她和王宇说，不管他在国外可以挣多少钱，都必须要尽快回来，因为这个家需要他。王宇说：“现在咱们买新房的钱已经够了，但是我还打算多积累一点资本，以后回去可以开个公司。”

就这样，时间又过去了三年，王宇觉得钱挣够了，终于可以衣锦还乡过上让人羡慕的生活了。可是，就在回国前夕，他听闻了自己父亲去世的消息。王宇难过万分，居然没有来得及回去见父亲的最后一面。他回国以后，第一件事就是去父亲的坟前叩拜，磕头认错。此时，更让他感到痛心的是，儿子看到他，问妈妈：“妈妈，这个人是谁啊？”那一刻，王宇觉得自己都快崩溃了。

在《增广贤文》中，有这样一句话：“良田万顷，日食一升；广厦万间，夜眠八尺。”人活在这个世界上，是不需要太多的物质和虚名的，不管你拥有多少财富，不管你拥有多高的地位，最后也带不走的。更让人感到难过的是，人们总是费尽一切心思去抓住一些自以为重要的东西，到头来才发现，失去了一些更重要的东西。

在这个世界上，有太多东西可以追求，但是真正值得我们追求的并不多。当一个人拥有太多的财富，可能会迷茫；当一个人拥有太高的社会地位，可能会膨胀；当一个人身负太多的荣誉，可能会懈怠。就算是再美好的风景，看多了也会审美麻木。所以，好的东西不一定是越多越好的。一个真正聪明的人，懂得适可而止的道理，只抓住最值得抓住的东西，才能让人倍加珍惜。

就好比，再好的食物，吃多了对身体也没有好处，反而会造成更大的负担；再多财富，我们这一生也不可能用得完。真正需要的，其实都是最简单的，一个健康的体魄，一份热爱的事业，一个温馨的家庭，一个知心的爱人，一群交心的好友，这些就已经足够了。

加入读者交流群
听音频学会在
快进的时代慢思考
» 入群指南见勒口

合理树立目标，消除慢性压力

敏敏是一个十分好胜的女孩儿，喜欢和他人竞争，这样的性格让她比别的女孩多了一份坚强，却少了几分娇柔。她从小独立读书，把自己的学历刷到了人人佩服的硕士，硕士毕业后，又签了一个人人羡慕的公司，进入公司后，马上又因为能力出众而受到了领导的重用。然而，她事事逞强的性格也让她吃了不少苦头。

敏敏进入公司后不久，就当了部门的副主管，然而工作了五六年，依然还是在那个位置，没有任何升职加薪。敏敏觉得自己屈才了，凭着自己的工作能力和态度，当个部门主管怎么样也是足够的。为了能得到领导重视，她决定比以往更加努力地工作。

自那以后，敏敏总是主动承担起领导安排的大部分工作，每天加班到很晚，部门里的大事小事她都亲力亲为。敏敏觉得，英语口语是自己能力中的弱点，于是她利用业余时间报了个英语班，每天晚上下班后还要学习一小时的英语，导致她下课回到家都快凌晨了，根本就没有任何休闲娱乐的时间。即便到了周末，她也没有丝毫松懈，积极进取的她报读了在职研究生课程。

因为敏敏几乎没有给自己安排休息的时间，所以她的身体状况越来越差。然而，如此奋发努力的结果却不是她想要的：单位只给她涨了一点点工资，职务上并没有任何的提升。

敏敏除了对自己要求严格，对身边的人也不例外，这让她在公司里非常不受欢迎。很多时候，她会因为和同事的意见不合，而跟他人大吵大闹，也曾因为和领导意见不一，当着所有人的面指责领导。除此以外，她还不允许自己的下属犯错，一出现问题必定会追究他人的责任，即使是新入职的员工也不例外。有一次，因为台风原因耽误了客户通过快递寄来的合同，她把快递公司的工作人员骂了一通，还打电话到客户公司大声呵斥对方，导致公司差点受了重创。

在感情生活方面，敏敏依旧是不顺利的。其实在她的内心深处，特别渴望可以像别的女孩儿一样恋爱结婚，可是相亲了好几十次了，没有一个对象可以让她满意的，要么是觉得对方的学历不如自己，要么是觉得对方的经济条件不如自己，要么是觉得对方的能力不如自己，反正，敏敏总能找得出原因去嫌弃对方。后来，在家人的劝说下，她终于尝试着去接受一个男生了，但是交往的过程非常不顺利。有一回，敏敏想要亲手为男生做一顿晚餐，可从来没有时间下厨的她，一下子摸不着头脑，对着菜谱去准备食材和烹调，没想到越搞越糟，敏敏一气之下爽了约，男生也觉得莫名其妙，难以理解。后来，他们就分手了。

敏敏因为追求完美，总是满足不了自己的要求，因此生活是算不上快乐的。追求完美的人，总是充满动力和毅力，同时也承受着巨大的压力。心理学家研究表明，当一个人过分追求事物的完美时，会让人在接受现实的时候感到焦虑、急躁甚至是自卑，而这些消极情绪会影响到身体健康。

有这样一位雕刻家，他在艺术上追求完美和极致，对于自己的每一个作品都有近乎苛刻的要求，因此在他完成每一座雕像后，人们都无法辨别出真人与雕像的区别。有一回，他突然有一种预感：死神快要来临了。为了逃避死亡，他站在了自己雕刻出来的一堆雕像之间，屏住呼吸，果然迷惑了死神的眼睛，让死神分不清哪个才是自己想找的人。于是死神去求助了上帝，上帝告诉他，有一个方法可以从一堆雕像中寻找到雕刻家。于是死神站在一堆雕像的前面说：“伟大的雕刻家，一切都非常完美啊，你做得真的非常好，除了那一点点小小的瑕疵以外。”雕刻家听了，居然忘记自己在逃避死神这一件事，跳出来问他：“我哪里做得不够完美？”死神笑了笑说：“抓到你了吧，瑕疵就在于，你无法忘记你自己，天堂里没有完美的事物，更何况人间呢！”

在这个世界上，“完美”二字是不存在的，过分追求完美，只让自己陷进一个逃不出来的魔障。凡事追求极致和完美，是一件非常痛苦的事情，因为这个世界充满了缺陷和遗憾，你无法改变它。因此，如果为了一点点瑕疵就感到苦恼、急躁和不安，你自然无法真正体味生活的乐趣和人生的意义。

许多人在生活中感觉到痛苦，其实，痛苦多半是自己造成的。因为追求完美，你看不清自己拥有了什么，因为不懂得珍惜已经拥有的东西，所以承受着一些本来可以不必承受的压力。有时候，追求完美是一种向上的积极的力量，但是如果无法保持一颗平常心，过分地追求虚无缥缈的完美，就会给自己带来痛苦。因此，多给自己和他人一点包容和理解吧，或许就能回归生活的本真和美好了。

知足常乐，保持平衡和淡定

有一句老话，是这么说的："知足者人贫心富，不知足者人富心贫。"意思是说，知足的人尽管贫穷，但是内心是富有的；相反，不知足的人，即便物质丰富了，但是内心其实是贫穷的。在当今社会，很多人不懂得知足的道理和好处，总是去追逐无尽的利益，很多时候甚至为了比别人多获得一点好处而大打出手，不仅自己无法得到安宁的生活，而且还会影响别人的生活。

《佛遗教经》上曾说："若欲脱诸苦恼，当观知足。知足之法，即是富乐安稳之处。不知足者，虽处天堂，亦不称意。不知足者，虽富而贫。知足之人，虽贫而富。不知足者，常为五欲所牵，为知足者之所怜悯。"可见，只有知足的人，才能发自内心感到快乐，只有知足才能化急躁为淡定。所谓"知足常乐"，就是说人一旦懂得知足了，心胸就豁达了，整个人也就快乐了。

山上有一个尼姑庵，尼姑庵里有一个小尼姑，她每天早饭都吃两个馒头，因为两个馒头就足以果腹，小尼姑感到非常满足。

有一天，小尼姑走到厨房，发现师父早饭有四个馒头，大师姐也有四个馒头，而自己只有两个馒头。于是，她一声不吭地吃完了早餐，开始她一天的工作。平时表现勤快，动作利索的她这一天忽然无精打采，心里一直纳闷：师父的早餐有四个馒头那是应该的，可是大师姐为什么也有四个馒头呢，难道大师姐跟师父平起平坐吗？这样对我是不是太不公平了？她越想越气，于是想办法去解决这个问题。

第二天一早，她就找到了师父，也想要四个馒头。师父问她："你吃得下四个馒头吗？"小尼姑果断说："当然可以，我也要四个馒头。"

师父看着如此果断的她，同意了她的要求。到了吃饭时间，师父把自己的两个馒头给了她。小尼姑果真把四个馒头吃光了，她摸着自己鼓鼓的肚子，跟师父说："师父，你看，我能吃四个馒头，以后每一天，我都要和师姐一样吃四个馒头。"师父微笑着说："是的，你现在是可以吃得下四个馒头，但是明天什么情况，到时候再说吧。"

吃了早饭没多久，小尼姑就觉得不舒服了，她感到肚子很胀，口很干，于是跑去喝了半碗水，可是喝了水后肚子越发胀了，而且还疼了起来，难受极了。

这时候，师父路过看到了，对她说：“你平时早饭吃两个馒头，今天吃了四个，看似多得到两个，但是实际上并没有享受到更多的好处。相反，因为这多出的两个馒头，让你承受了本来可以不必承受的痛苦。你要明白，拥有的越多，不一定就越好。人只有欲求有度，只有知足，才能自然常乐。”小尼姑捂着疼痛的肚子，对师父说：“我明白了，明天开始我还是只吃两个馒头吧。”

如果这世界上的每个人都像小尼姑一样，看到别人手中拥有的东西，自己就想拥有，而不是根据自己的实际情况取舍，那么最后给自己带来的可能不是享受，而是痛苦。

每个人都应该怀有一颗感恩的心，珍惜自己眼前拥有的，而不是一味贪婪地去追求不属于自己的东西。只有懂得了知足的道理，才不会因为自己无法得到更多东西而急躁，才能淡定地享受生活中的乐趣。

我认为，真正健康的生活态度，应该是这样的：心中怀有远大的理想和目标，但是不急于求成，不一蹴而就，而是踏踏实实地、一步一个脚印地朝着目标进发，享受这每一个步伐所带来的乐趣，感受自己每一天的收获和成长。遇到挫折时，不要气馁，把困难当成成功的垫脚石，化眼前的压力为动力，方能让我们更接近成功。

所谓“知足常乐”，并不是指在学业或事业上不思进取，而是不要纠结于无穷无尽的欲望。每个人都有追求幸福和成功的权利，这也是人的本能。但是如果不能做到欲求有度，那么到头来不仅不能收获成功，反而可能会导致身心俱疲。

当今社会，经济高速发展，但仍存在贫富悬殊较大的现象，这样的大环境难免会造成很多人心理失衡。有些人因为不懂得知足，总是看不到自己拥有的东西，只一味去艳羡他人拥有的，这样就容易急躁，容易失去平衡和淡定。只有懂得知足，才不会被欲求蒙蔽了双眼，才会看到更多更值得我们珍惜的东西。

懂得知足，是成熟的表现，是一种智慧，同时也是一剂养生的良方。很多人以为，养生单就身体而言，其实不然，养生也可以从“心”开始。

俗话常说：“多福多寿”，知足就是一种幸福，懂得知足的人，所收获的幸福和快乐一定会比较多。

快乐的阀门掌握在自己手里

“菩提本无树，明镜亦非台。本来无一物，何处惹尘埃。”这是我国佛教禅宗六祖惠能大师著名的四句偈语。每个人出生的时候，都是两手空空的，到了去世的那一天，也是两手空空地离开，如果欲望缠心，那么内心就会如灰尘堆积的镜子，让我们无法看清自己，因此人生在世不应过多欲求。

著名史学家司马迁曾说：“天下熙熙，皆为利来；天下攘攘，皆为利往。”这句话可谓是言简意赅地道破了世人追逐名利的风气。多少年来，人们对名誉财富的过分追求，让人错过了与亲人好友的真挚感情，丧失了自己内心真正的想法。内心过多的欲望，让人心浮气躁，无法获得真正的平静。

巴尔扎克的小说《欧也妮·葛朗台》中的主人公葛朗台，就是一个利欲熏心的人。葛朗台非常吝啬和贪婪，在他的眼里，金钱是比一切都重要的，他对于金钱的占有欲几乎到了病态的程度。在小说的描写中，葛朗台曾经半夜把自己关在密室中，拿出他的金币来把玩和欣赏，然后放进桶里，紧紧地锁好。到了弥留之际，还让他的女儿把金币放在桌上，紧紧盯着不放，似乎这样他才能感觉到温暖。对于金钱如此贪婪而执着的他，最后又得到了什么呢？他并没有因此而获得幸福和快乐，却因为对金钱的过度贪婪而成为一个十足的吝啬鬼，即便拥有很多很多钱，却依然生活在破旧的房子里，每天过着物资匮乏的生活。对金钱的执念，导致他的人生非常悲哀。

据说在一些地区，人们抓捕猴子的方式非常特别：拿一个小木盒，装上猴子爱吃的坚果，在盒子的上方开一个小口子，大小足以让猴子的前爪可以伸进去，这样一来，一旦猴子抓住坚果，它的爪子就无法伸出来了。这个抓捕方法简直屡试不爽。其奥妙之处就在于，人们把握准了猴子的心理——东西一旦到手就不愿轻易放下。人们常常用这个例子去嘲笑猴子的贪婪和笨拙，为何不松开坚果逃过一劫呢？其实，反观我们人类自身，是不是也如猴子一般，在某些事情上过于执着，紧紧抓住不愿放手，最终让自己遭到劫难呢？

如果说，猴子执着的是坚果，那么，人类执着的就是名利、尊严、地位等。我们把这一切看得太重，紧紧握在手中不愿放弃，导致我们的压力上升，我们的生活变得越来越痛苦，最后很可能会因为这份执着而赔上自己的人生。

如果心头总有执念，心中总有无尽的欲望，那么，无论身在何处，都无法获得真正的自由。如果心头的欲念有度，心无挂碍，即便身处挫折和困难，也仿佛走在康庄大道上。放下那些无休止的欲念吧，才能真正远离浮躁，走向更广阔的未来。

珍惜，帮你走出急躁不安

自古以来，民间就流行算命这种活动。很多人都认为，每个人的命运在冥冥之中都是注定的。出生在有钱人家的孩子，注定一生不用为柴米油盐而奔波劳碌；相反，出生在贫苦家庭的孩子，注定一生辛劳。有的人含着金汤匙出生，有的人却在为生计操劳；有的人早早成家立业，有的人却依然挣扎在温饱线上。

然而，“命运是注定的”这个说法，只是唯心主义观点，并不科学客观。每个人的命运不掌握在上天的手中，而是掌握在自己手中，每个人都可以依靠自己的努力去改变命运，一味地怨天尤人是没有任何意义的。

怨天尤人、抱怨命运不公的人，心中多半是急躁难安的，他们只懂得索取，不懂得珍惜。总是觉得自己得到的依然不够，远远不够，因此总是怨声载道，叫苦连天。其实，一个人只有懂得珍惜他所拥有的一切，才不至于在他日失去时后悔和痛苦；一个人只有懂得感恩，才可以看得见属于自己的那份幸福。

有人说，人生就如一杯茶，要细细地品味、慢慢地品味。因为如果过于急躁，那么这杯茶的独特和甘醇，就被忽略了。其实，品味的过程也是珍惜的过程，只有珍惜，才能真正拥有，才能不再彷徨，不再孤独。

释迦牟尼佛总是为世人解答困惑。一天，有一个人来到他面前，向他诉说心中的感情困扰：“佛祖啊佛祖，我最近为情所困。我是一个有妇之夫，然而我如今深深地爱上了另一个女人，你可不可以告诉我，这该怎么办好？”

佛祖听了，问他说：“你确定这是你这一生中最爱的女人吗？你确定这是你生命中最后一个女人吗？”

男人思考了一会儿，回答说：“是的。”

释迦牟尼说：“那可以，你和妻子离婚吧，然后娶这个女人。”

“可是我的妻子善良、温柔、贤惠……”男人回忆起妻子的各种美好，“我这么做是不是太不道德了？”

释迦牟尼回答说：“婚姻中，没有爱才是最不道德和最残忍的，你既然已经爱上了别人，不再爱你的妻子了，那么你离开她也是正确的。”

男人很犹豫，小声地说：“可是，我的妻子很爱我。”

释迦牟尼说：“这没有关系，有爱就是幸福的，既然她爱你，那她就是幸福的。”

男人突然大声地说：“可是我要和她离婚，她又怎么可能会幸福呢？她一定会很痛苦的呀！”

“这你就不对了，在婚姻中，她还爱你，但是你不爱她。正所谓，拥有的就是幸福的，她还拥有对你的爱，那么她就依然是幸福的呀，你失去了对她的爱，那么真正痛苦的人应该是你。你只是她爱的一个对象，没有了你这个对象，她依然可以拥有其他让她爱的对象呀。”男人不相信释迦牟尼的话，说：“我的妻子我是最了解不过的了，她除了我，不会爱上其他人的。她曾经说过，这辈子只爱我一个的。”

释迦牟尼听了，笑着说：“这样的话，难道你没有说过吗？”

听到释迦牟尼的话，男人的脸色刷地一下变了，顿时支支吾吾。

释迦牟尼接着说：“爱由心生，当你爱上了另一个女人时，你自然会觉得她更好，但是当日后这份爱走到了尽头，一切终究是一场空。”

男人听了，恍然大悟：“我明白了，其实你并不是真心要让我和妻子离婚，你只是想让我放弃现在爱的那个女人，你在劝我回头呀。”

释迦牟尼笑了：“你回去吧！”

男人自言自语：“我的妻子曾经也是我最爱的女人呀，我怎么把这一点给忘了呢？”男人用力地点了点头，拜谢了释迦牟尼。

其实，只有懂得珍惜，你才会真正了解自己拥有什么；只有学会珍惜，你才会真正明白自己生命中最重要的是什么；也只有珍惜二字，才能帮助你走出急躁，获得真正的自由和快乐。所有不被珍惜的拥有，早晚会变成过眼云烟，最后让人痛苦不堪。

人生是短暂的，如果欲求过多，那么焦虑和急躁也一定会随之增加。所以，人一定要懂得珍惜，学会珍惜。珍惜你所拥有的时间吧，不要因为虚度光阴而后悔莫及；珍惜你身边的亲人吧，不要等到失去了他们，才懂得什么是遗憾；珍惜所有爱你的人吧，他们是你生命中不可或缺的温暖。

Chapter 3

×

以平和之心，化急躁之气

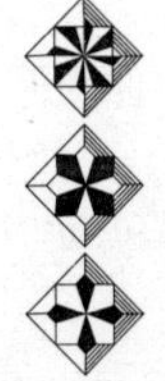

与其苛求他人，不如改变自己

自从爸妈去世以后，少山一直和自己的妹妹少玲同住。少山在一家设计公司工作，妹妹少玲没有找到工作，便暂时在家，帮着料理家务。

这天少山下班回来晚了，少玲不知怎么地黑着一张脸问他：“哥，你怎么又这么晚回来？！发工资了吗，物业来收燃气费了！”

少山支支吾吾地说：“还没有呢，我们老板说……”

“什么？又没发工资？你一个大男人，一个月赚那么点钱，还每个月都要拖，你看看别人家哥哥，跟你差不多大，都做到部门经理的级别了！”

“别人家哥哥那么厉害，你倒是去找他啊，每天待在我这里干吗？我工作这么辛苦，回到家连口热饭都吃不上，你还好意思说我？！”

“我一天到晚洗衣做饭，跟你的保姆似的，不就是今天来不及做饭吗？今天我就不做了怎么的，你吃西北风去吧！”

“你累？你累我难道就不累吗？你知道现在外头的经济有多差吗？许多公司都开始裁员了，我压力有多大你知道吗？”少山越说越气，一怒之下把手中的公文包砸向了少玲。

少玲被砸痛了，突然号啕大哭起来。

少山扔下了一句："这日子没法过了！"摔门而去。

少山不知道，少玲今天之所以一反常态，是因为男友跟她提了分手，导致她非常伤心难过，一急起来就把气撒到了哥哥身上。少玲不知道，哥哥如今面临着巨大的工作压力，心情也十分抑郁。这样一来，吵架就在所难免了。其实，兄妹俩不应该互相抱怨和过分苛求对方，而是要进行充分的沟通，互相体谅。道理大家都懂，只是很少人了解到苛求他人的严重性。大部分人都只在乎自己的感受，没有考虑到他人也需要同样的安慰。

如何理解"苛求"呢？简而言之，就是过分的要求。既然要求已经过分了，自然没有人会喜欢接受。心理学专家指出，不停地跟对方抱怨，对他人施加压力，都是对对方的精神施暴。每个人都有一定的承受能力，当压力大到一定的程度，人自然会想方设法对抗，或是逃离，或是"以牙还牙"回敬对方。但不管是哪一种方式，都是不和谐的，必然会引发下一轮的"战争"。

而且，人们常常忘了"己所不欲，勿施于人"的道理，往往是苛求别人，宽待自己。这样的行为不仅不利于自身的进步，而且不利于人与人之间的相处。苛求别人，就会导致对方对自己不满，人际关系可能会出现紧张；宽待自己，则会导致骄傲自满，不仅无法发现自己身上的缺点，而且还发现不了别人身上的优点。因此，这样的行为是不会给我们带来幸福的。

作家徐璐曾经说过：“不要苛求他人，更不要刻薄自己，这样生活才会快乐。”简单的一句话，却道出了人生的真谛，其实，拥抱健康快乐的生活很简单，那就是——不要苛求他人。所以，我们要记住一个道理——宽以待人。

在日常生活中，不妨以宽容的态度去看待身边的人和事。宽容是一种修养，更是一种心境。原谅可以宽容的事，原谅可以宽容的人，原谅可以宽容的话。

除此以外，我们也要改变思维方式。正所谓：“金无足赤，人无完人。”这世界上不存在完美的人，每个人身上都有不足和缺点，凡事从好的角度出发，多看看别人的优点，多给予他人夸奖；同时也要反观自身的不足，虚心向他人请教经验，不断鞭策自己改正缺点、弥补不足。如此积极的思维方式，才能促进自己不断向上，不断向好。有实验证明，在困境中依然能保持积极乐观的人，会比那些消极悲观，只知道自怨自艾的人更容易摆脱困境。因此，处境越不堪，我们越是要笑着去面对它。

放下抱怨，以宽广的心化解急躁

生活中，我们的耳边总是环绕着一些抱怨的声音，有些人会抱怨命运不公，有些人会抱怨人情冷漠，有些人会怨天尤人，叫苦连天。不管发生什么事儿，喜欢抱怨的人似乎都能找到抱怨的理由，似乎所有的事情都能成为他们的烦恼，似乎他们的烦恼都是他人造成的，任何事情都不能使他们快乐起来。

然而，抱怨有什么意义呢？抱怨就能改变当下的境况吗？答案当然是否定的。抱怨只会给我们带来更多负面的情绪，只会替我们寻找失败的借口，只会让自己的意志更加消沉，只会让自己的信心更加被削弱。

必须要明白一点，人生不如意之事十之八九，我们会遇到很多坎坷，会遇到很多挫折，这些都是在所难免的。抱怨，或许是一种宣泄的方式，偶尔进行情绪上的宣泄也是无伤大雅的，但是如果一味地沉浸于抱怨中，不去深入思考自己失败的原因，那么永远抓不到问题本质。

俗话说：“失败乃成功之母。”如果能够摒弃抱怨，清楚地认识到人生的每一次失败都是在为下一次成功做准备，那么就能够保持一个良好的心态。

惠能大师有一个徒弟，每天都很爱抱怨，哪怕一点小事他都能抱怨一番，让惠能非常讨厌。有一天早上，惠能大师就派他去取一些盐回来。

徒弟很不情愿，取了盐回来，照旧抱怨了一番。惠能大师让他把盐全部倒进一杯水里，并且让他尝一口，“味道怎么样？”惠能大师问他。徒弟吐了出来，撇了撇嘴说：“太咸了。”

惠能大师笑着让徒弟和他一起到湖边去，同时带着一些盐。

徒弟不知道师父要做什么，抱怨了几句，不情不愿地跟着去了。

到了湖边后，惠能大师让徒弟把刚才带过来的盐撒进湖中，然后让他喝一口湖水，问道：“你现在觉得味道怎么样？”

徒弟回答说：“很清凉啊。”

惠能大师问：“那你尝到咸味了吗？”

徒弟回答：“没有。”

接着，惠能对徒弟说：“我们的心胸也有杯与湖的区别，一个人能够承受挫折困难的容器的大小决定了挫折困难的大小，当你感到痛苦时，不妨把你能够承受的容器变得大一些，痛苦就会相应地变得小一些，不要像那一杯水一样，而要像这一片湖一样。”徒弟听了惠能的话，明白了他的用意，自那以后，徒弟的抱怨声消失了。

确实，人的心就好比一个容器，如果心胸狭隘，只能装得下一杯水，那么一点盐巴便会让你咸得受不了；如果心胸广阔，就如一片湖水，那么就算放进再多的盐巴，也尝不出一点咸味儿。在这个故事中，徒弟过去因为把自己“装入”一个很小的容器里，因而常常受困于眼前的痛苦，心生抱怨，不仅影响了自己，还扰乱了他人。

一个人如果心胸狭隘，就会心生抱怨，只有放大自己的胸怀，做到海纳百川，才能化解心中的急躁和抱怨。

放宽你的心胸，放大你的胸怀吧，努力去让内心可以承受痛苦的容器变大，那么，即便遇到再多的“盐巴”，也不会影响到你了。放下急躁，化解心中的抱怨，才是对待生活和人生应该有的态度。

加入地域交流群
和同地区书友
共享慢思考
» 入群指南见勒口

从容应对仇恨，内心不被急躁所扰

人类的情感有很多种，其中有一种消极的情感，名为“仇恨”。在现实生活中，有人心中装着仇恨，因为仇恨而冲昏了头脑，因为仇恨而失去了理智。仇恨让人忘记了善良的本性，让人变得急躁不安，让人变得冷若冰霜，让人丧失了对生活本身的热爱。

佛祖曾说过，内心充满仇恨，是无法化解仇恨的，只有慈悲才能够化解仇恨。然而，很多人都在无意中选择了用仇恨去化解仇恨，而这种做法只会让自己陷进无穷无尽的痛苦，不仅仇恨无法化解，而且还会导致自我折磨，严重的甚至会进行报复。只有用自己的宽容和慈悲去化解仇恨，才能在心中真正放下这个沉重的包袱，继续前行。这看似是在宽恕对方，实际上也是在自我宽恕。仇恨和报复耗费时间和心神，化解了仇恨，才能让我们能够更好地去享受自己的生活。

慧空大师在出家之前，给一位大官当过随从。然而，他与这位大官的夫人产生了感情，两人过分亲密，最终事情败露了。大官非常生气，慧空在与他打斗的过程中，出于自卫杀死了这位大官，并且带着他的太太逃走了。可是，接下去的生活没有了经济来源，两人过得落魄不堪，女人过惯了奢靡的日子，无法忍受这样的生活，两人终于分道扬镳。

后来，慧空到一个遥远的寺庙出家，做了僧人。为了弥补他曾经犯下的过错，他下定决心在余生要做一件好事。慧空知道山上的悬崖是很多人的必经之路，但是因为非常危险，已经有好多人在那里断送了性命。于是，他决定在有生之年挖一个隧道，为人们创造一份平安。

于是，慧空白天化缘，晚上挖掘隧道。天天如此，年年如此。转眼间，30 年过去了，这条隧道终于挖通了。

就在慧空完成这条隧道的前两年，那位大官的儿子已经长大成人，并且成了一名剑术高手。他到处打听慧空的下落，想要报仇。后来，终于被他找到了。

慧空大师平静地跟他说："你可以杀了我报仇，但是请你给我一点时间，让我完成这隧道最后的挖掘工作吧。"

大官的儿子答应了他，时间一天一天过去了，慧空还是没有挖完隧道。大官的儿子了无生趣，索性帮他挖了起来。在这个过程中，他被慧空的坚毅给感动了。

最后，隧道终于挖通了，人们再也不用冒着生命危险翻山越岭了。

慧空欣慰地说：“隧道完成了，我的使命完成了，你现在可以杀我了。”此时，大官的儿子内心十分感动，他说：“大师，你是我的恩师啊，我又怎么能杀害我的恩师呢！”

慧空大师用他的慈悲化解了对方的仇恨，让复仇者改变了想法。一个心中充满仇恨的人，往往会失去理智，无法控制自己的行为。然而，一个心中充满慈悲的人，则充满了对世界的宽容和关爱。

在我国宋朝年间，王安石因为苏东坡与之政见不一，便找了个借口把苏东坡贬到了黄州，使得苏东坡生活潦倒痛苦。然而，苏东坡并没有因此充满沮丧，因为他心胸宽广，没有因为这件事而急躁不安，更没有心生怨恨。后来，王安石从宰相之位下台后，苏东坡没有因此落井下石，反而常常给他写信，互相鼓励，讨论学问，共叙旧情，俩人的关系慢慢好了起来。

佛祖有一句话，是这么说的：“怨亲等苦，先救怨者。见有骂者，反生怜悯。”意思就是，当仇人和亲人一样在遭受苦难时，应该先救仇人。当别人来辱骂自己时，心中应该产生怜悯，这才是做人应有的宽容之道。苏东坡懂得宽容和慈悲，因此在面对王安石给自己带来的不公正待遇时，他可以做到不急不躁。

一个人如果总是想着他人的坏处或是他人对自己的不好，那么最终痛苦的只有自己。宽容的力量是非常巨大的，它是化解仇恨最有力的工具。心怀宽容，就会看到更多美好的事物，就会想到更多美好的事情，从而保持情绪的稳定，消除了心中的急躁和仇恨，去拥抱一个轻松美好的人生。

人生在世，难免与他人产生纠纷，或是发生一些磕磕碰碰的不愉快，如果总是怀抱着一种复仇的心态，那么事情往往很难得到解决，反而可能酿成悲痛的结果。宽容是一种为人处世之道，当你学会了用宽容去看待他人的过失，当你学会了用宽容去对待不公的待遇，就会获得内心真正的平静，修炼出一颗纯粹的心灵。

加入读者交流群
听音频学会在
快进的时代慢思考
» 入群指南见勒口

转移注意力，不要被小事牵着鼻子走

沙漠的中午热得如同一个火炉，太阳炙烤着大地，像是要把整片沙漠都给吞噬掉一般。一头骆驼无力地行走着，被太阳晒得又饿又累，十分焦急。骆驼窝着一肚子火，却无处发泄。

这时候，沙漠里竟然有一块小小的玻璃片，不巧把骆驼的脚掌给硌伤了，本来就心情郁闷的骆驼突然火冒三丈，狠狠地把玻璃片踢了出去，不料却因此将自己的脚掌划了深深的一道口子，顿时鲜血直流。

骆驼一瘸一拐地向前走着，身后是一路的血痕，不曾想到这血痕竟引来了空中的秃鹫，它们在骆驼的头上盘旋着，骆驼心里害怕极了，不顾自己的伤势向前疯狂地跑了起来，整片沙漠都是骆驼的血迹。

浓厚的血腥味引来了附近的沙漠狼，无力而又身负重伤的骆驼在沙漠的边缘东奔西跑，在惶恐之下跑到了一处食人蚁的巢穴附近。

血腥味引得食人蚁倾巢而出，朝着骆驼扑了过去，一瞬间，食人蚁将骆驼严严实实地包裹了起来，没过多久那头骆驼就丧命于血泊中了。临死之前，骆驼后悔极了："我为什么要因为一块玻璃片生气呢？"只是骆驼明白得太晚了。

很多人可以承受得了天大的打击，却常常纠结于一些小事没完没了；很多人在面对大事的时候能够稳住心态，却常常在一些小事面前乱了手脚；很多人在大事上淡然自若，却放不下一些鸡毛蒜皮的小事。人的一生很短暂，如果总是纠结于一些小事，动不动就生气，着实不值得。

一个真正聪明的人，必然是能够管理好自己的情绪，控制好自己的行为的，不会像骆驼一样因为一丁点小事就发飙。有这样一个说法：一个人最好的朋友是自己，最大的敌人同样也是自己。

再举一个小小的例子：上班路上遇上早高峰，绿灯迟迟不亮，你焦急不安地看着时间一分一秒地过去，这会儿好不容易盼来了绿灯，可前面的车子却迟迟不动，因为此时车上的人正在玩手机，你生气地长鸣了喇叭，把前面车子上的人吓了一跳，尽管车子是动了，可是你也同样产生了不愉快的情绪。

当我们把注意力长时间集中在让我们产生不愉快情绪的事情上时，消极的情绪就会慢慢扩大，如果此时不转换思维，这种不良情绪便会一直占据你的大脑。

如何转换思维呢？当我们产生了不愉快情绪时，不妨转移注意力到自己感兴趣的事情上，例如跑步、看电影或是听音乐，尽量去做一些可以让自己身心放松的事情，防止负面情绪的蔓延，并让之前产生的不愉快也慢慢褪去。

其实，同样一件事情，看问题的角度不同，看到的结果也会大不一样。同样一句话，你往好的方面去想，它便是一句好话；你往坏的方面去想，它便是一句坏话。这就是不同的角度所带来的后果。所以，与其去改变他人，不妨试着改变自己看问题的角度。

如果你渴望良好的人际关系，那么就要学会管理好自己的情绪，不要因为一些小事而生气，更不能因此做出伤害行为，否则最后受伤害的只会是自己。

美国心理学专家理查德·卡尔森曾说："不要让小事情牵着鼻子走。"当你忍不住要生气时，只需要反问自己一句话：一年后、两年后，你依然会因为这件事感到生气吗？如此一想，你便知道自己该怎么做了。

频繁为小事生气，会毁掉你的快乐人生

在生活中，难免会经常发生一些不尽如人意的事情。而当你在面对这些困扰和不如意时，是用什么态度去对待呢？是用一个直面挑战、积极处理的态度，还是用一个怨天尤人、自我放弃的态度？

有一句话是这么说的：当一个人经历越多的事情，那么他的抱怨就会越少。我们不难发现，在现实生活中，越是优秀的人往往越努力，这种现象的原因就在于，往往越是优秀的人，越能看到比自己更好的，反而越是平庸的人，却总能看到比自己更差的。如果你觉得自己不够优秀，那不妨从现在开始努力，相信我，你会比自己想象的要优秀得多。

人生充满了各种各样的变数，总会发生一些意想不到的事情。此时，面对这些无法预料、无法改变的事，就需要一个良好的心态。保持冷静、保持乐观、保持宽容，才能淡定自若地去面对任何事，才能更好地去做自己想做的事。

在遇到困扰和挫折的时候，不去怨天尤人，不去自怨自艾。一个人的

修养，体现在愤怒的时候；一个人的心胸，体现在落魄的时候。如此这般，才能拥有更好的心态去面对这一切，才能真正成为自己人生的勇者。

英国作家萨克雷有一句很出名的话：“生活就是一面镜子，你笑，它也笑；你哭，它也哭。”这句话告诉我们一个简单而深刻的道理：当你用积极的态度去面对生活时，生活就会回馈你更多积极的事情，而当你用消极的态度去面对生活时，可能就会发生更多消极的事情。

因此，停止你的消极情绪，放弃没有意义的抱怨吧，如此方能继续往前走。曾国藩的治家哲学被很多历史名人所推崇，他的儿子在他的教育下得到非常好的发展。曾国藩的儿子曾纪泽是清朝末期著名的大外交家，孙子曾光钧是著名的文学家，曾家后代可谓是人才辈出。曾国藩的书斋命名为“求缺斋”，意思是任何事情不能要求过于圆满，面对不够圆满的人生，不要抱怨，不要蹉跎，而是要一往无前。这番思想，值得我们现在每个人去琢磨和学习。

众所周知的阿里巴巴董事长马云，他的人生也值得现在很多年轻人去学习。马云人生的前 37 年时间，大概可以用“失败”二字去形容。那么 37 岁之后的马云，是依靠什么发展到今天这么成功的呢？马云没有什么捷径可以走，靠的就是四个字：永不抱怨。经历了前面 37 年的失败和平庸，马云没有停止奋斗的步伐，跌倒了就再站起来，失败了就继续往前走，他把所有的时间都花在了自身的进步上，而不是去怨天尤人。马云后来之所以能取得这么大的成功，正是因为永不抱怨，让他拥有了正确的心态。

因此，如果你总是陷入抱怨的泥淖，从此刻停止吧。没有抱怨的人生，才有更多的时间去奋斗、去努力、去创造，才能在未来的道路上走得更远。停止抱怨，学会感恩，人生才能走向圆满。

科学研究表明，一个人如果长期处于抱怨的心态中，那么他的工作和生活都不会顺利。因为抱怨会让体内聚集更多的毒素，会影响到人的身体状态和精神状态，会降低反应，会影响大脑的思考。因此，停止抱怨，沉下心来工作，才能提高效率。

每个人对于成功的定义都是不同的，不妨摒弃过于物欲的那些吧，成功也可以是生活中平平淡淡的幸福。也许你不够富裕，也许你没有豪宅豪车，但是你在羡慕他人拥有这些的同时，或许他人也在羡慕你平安健康，家庭和睦。没有一种生活是真正完美无缺的，珍惜自己所拥有的，切切实实地去体会属于自己的幸福吧。

留些余地，是解脱自己的一种方式

建筑学上，有一个专业名词叫“伸缩缝”，指的是建筑物之间必须在适当距离内留一个伸缩的空间，不能完全紧连一体。桥梁、马路、房屋等，乃至平地铺设砖块，都须留有伸缩缝，以防空气冷热变化时结构体收缩膨胀而受到破坏。这种“伸缩缝”就是余地。

古人也有这样的总结：处事须留余地，责善切戒尽言，遇情不能偏激，有理不要过头。说的是人生在世，无论是为人还是处事，都要留有余地。

人情之间，能大能小，能进能退，能有能无；能够懂得留一些适当的空间给人，是给他人方便，也是给自己方便。这是人与人之间的伸缩缝。人生，若能善用伸缩缝的作用，便能增加很多智慧和力量。

宋朝有个名叫苏掖的常州人，官至州县监察官。他的家中十分有钱，但非常吝啬，常常在置办田产或房产时，不肯付足对方应得的钱。甚至有时候，他会为了少付一分钱，与人争得面红耳赤。他还会趁别人困窘危急之时，压低对方急于出售的房产、地产及其他物品的价格，从而牟取暴利。

有一次，他准备买下一户破产人家的别墅。他竭力压低房价，为此与对方争执不休。他儿子在旁看不下去了，忍不住发话道：“爸爸，您还是多给人家一点钱吧！说不定将来哪一天，我们儿孙辈会出于无奈而卖掉这座别墅，希望那时也有人给个好价钱。”苏掖听儿子这么一说，又吃惊，又羞愧，从此开始有所醒悟了。

很多时候，权衡利弊是一门高深的学问，更是一门艺术。考虑得失不应该只顾眼前，更要考虑长远，要考虑到以后的生存和发展，这才是最明智的选择。因为，留三分余地给别人，就是留三分余地给自己。

无独有偶，韩国北部的乡村路边有很多柿子园，深秋时节，处处可见农民采摘柿子的身影，采摘结束后，有些熟透的柿子也不会被摘下来，这些留在树上的柿子，成了一道特有的风景。这些柿子又大又红，不摘来享用岂不太可惜？据当地的果农表示，不管柿子长得多么诱人，也不会全摘下来，因为这是留给喜鹊的食物。

为什么这里的人有这种习惯？原来，这是喜鹊的栖息地，每到冬天，喜鹊都在果树上筑巢过冬，有一年冬天，下了很大的雪，几百只找不到食物的喜鹊在一夜之间都被冻死了。第二年春天，柿子树重新吐绿发芽，开花结果，就在这时，一种不知名的毛虫突然泛滥成灾，使得那年的柿子几乎绝产，从此以后，每到收成季节，果农都会留下一些柿子，吸引喜鹊来这里过冬，喜鹊仿佛也知恩图报，到了春天也不飞走，整天忙着捕捉树上的虫子，从而保证了这一年柿子的丰收。

人类是自然界的一部分，自然界有一个永恒不变的规律，就是人与自然、人与人之间都是相互依存的，都不可能单独存在于这个世界上。给别人留有余地，往往就是给自己留下了生机与希望。

古时，皇帝狩猎，总是谨记“三驱”之度。也就是网只撒三面，要留一面，给那些猎物一个逃跑的机会。因为凡事都不能做绝，要留有余地。我们要与人交往，也需要别人的帮助。如果你在急躁生气时，把话说绝了，把事情做绝，不给自己留任何的余地，那么当你有事求人时，就会让自己很为难，这是因为你先把自己的后退之路堵死了。所以，做人时时处处要给自己留下回旋的余地。

小林推着车去市场买鸡蛋，回来时跟一个逆行的人撞在了一起，不仅 7 公斤的蛋打了个粉碎，还把他的车给撞坏了。小林顿时气得火冒三丈，拉住那个人大吵了起来，那人态度很和善，一边掏钱赔鸡蛋，一边张罗着给修车子。还说他们是同乡，他搞了个养鸡场，日后需要鸡蛋尽管去他那儿取，分文不收。但是小林还是不依不饶的，直到众人出面调解才算了事。

可真是山不转水转，没想到后来发现那个撞了小林的人竟然是小林家的拐弯亲戚。小林的朋友请小林做客，好几次那个人都在座。那人倒显得极不在意，有时还拿那件事来跟小林开玩笑，说什么“不打不相交”。而小林却不然，每当见到那人，就想起当时说过的话，脸上总是感到火辣辣的。这件事儿给小林的刺激很大，他非常悔恨自己当时把话说绝了，没给自己留下余地。

留有余地，也是解脱自己的一种方式。现在的人都很气盛，经常会为了一些小事，而争得面红耳赤。这种时候，不要把话说绝，说上一句“小事一桩嘛！何必当真？不要伤了和气了”，也许就熄灭“战火”了。

学会给别人留有余地，是一种修养，是完善自我的一种方式。把话讲得有些弹性，把事情做得有余地，这样人与人之间相处就会简单许多，轻松许多。

尊重对手，就是尊重自己

耶稣说“爱你的仇敌”，佛陀鼓励人要“怨亲平等”，意思都是对怨敌和亲人要一视同仁，不要厚此薄彼。泰山不让土壤，故能成其大；河海不择细流，故能就其深。我们为人处事，要不念旧恶，要尊重异己，不计前嫌。只有心胸宽广的人，才能得到人助，才能成就大业。

春秋时，齐襄公被杀后，公子小白和公子纠为争夺王位而战。鲍叔助小白，管仲助纠。双方交战中，管仲曾用箭射中了小白衣带上的钩子，小白险遭丧命。后来小白做了齐国国君，即齐桓公。

齐桓公执政后，任命鲍叔为相国。鲍叔心胸宽广，有知人之明，他不计前嫌坚持把管仲推荐给桓公。对此，齐桓公大为不解，鲍叔解释道：“我的能力跟管仲相差太远，在整个国家中，只有管仲能担任相国要职。我在五个方面比不上管仲。宽惠安民，让百姓听从君命，我不如他；治理国家，能确保国家的根本权益，我不如他；讲究忠信，团结好百姓，我赶不上他；制定礼仪，使四方都来效法，我不如他；指挥战争，使百姓更加勇敢，我不如他。”齐桓公听完这番话，便不记射钩私仇，采纳了鲍叔的建议，重用管仲，任命他为相国。管仲担任相国后，协助桓公在经济、内政、军事方面进行改革，数年之间，齐转弱为强，成为春秋前期中原经济最发达的强国，齐桓公也成就了“九合诸侯，一匡天下”的霸业。

世界上的事物千差万别，不可能每个人的想法、观点都完全相同，所以，每一个人都应该学会尊重他人，尊重异己。

人，都不欢喜与自己不同的存在，所谓“顺我者生，逆我者亡”正是这种思维的极端表现。可世间的人万万千千，怎么可能把不同的、有差别的都全部消除竟尽呢？世间的所有，都是相生相克；甚至于人，只要有两个人，就会有纷争，世间的万事万物，也不可能做到完全统一。所以，你我虽有不同，你虽然不同意我的观点，甚至完全相反，但是我们互相尊重，只有这样，大家才能和谐存在！

多年前的一场 NBA 决赛中，皮蓬独得 33 分超过乔丹 3 分，成为公牛队中比赛得分首次超过乔丹的球员。比赛结束后，乔丹与皮蓬紧紧拥抱着，两人泪光闪闪。

当年乔丹在公牛队时，皮蓬是公牛队最有希望超越乔丹的新秀，他很骄傲，时常对乔丹流露出一种不屑一顾的神情，还经常说乔丹某方面不如自己，自己一定能超过乔丹之类的话。但乔丹却没有把皮蓬当作潜在的威胁而排挤他，反而对他处处加以鼓励。

一次，乔丹问皮蓬：“我俩的3分球谁投得好？”皮蓬说：“你明知故问什么，当然是你。”因为那时乔丹的3分球成功率是28.6%，而皮蓬是26.4%。但乔丹微笑着说：“不，是你！你投3分球的动作规范、自然，很有天赋，以后一定会投得更好，而我投3分球还有很多弱点。我扣篮多用右手，习惯地用左手帮一下，而你左右都行。”这一细节皮蓬自己都不知道，他深深地为乔丹的无私而感动。乔丹不仅以球艺，更以他坦然无私的胸襟赢得了所有人的拥护和尊重，包括他的对手。

在武侠片里，经常会出现这类情节，那就是：高手和高手最后总能化敌为友，惺惺相惜，即使他们是代表两个不同阵营的利益。用现在的话来解释，这种“默契”就是“尊重异己、尊重对手”。

奥地利作家卡夫卡说：“尊重你的对手，方尽显品格的力量和生存的智慧。”不要因为意见不同，便排斥他人，要学会尊重和了解对手，只有这样，才能发现自己的不足，才能总结经验教训，取人之长补己之短。因为，尊重对手，就是尊重自己。

不急躁、不计较，问心无愧就好

如果要问人活在这个世界上要遵循怎样的基本原则，答案很简单，那就是“问心无愧”。对得起自己的良心，凡事不会遭到良心的谴责，这就是做人最基本的原则。

如果做事对不起自己的良心，那么整日就会遭到自己良心的拷问，内心惶惶不安，久而久之，急躁之气就会因此而产生。急躁的人，会因为别人的一点点失误而生气，会因为他人的只言片语而焦虑，会因为别人的批评和否定而失望气馁。

然而，我们不难发现，很多时候我们已经凭借着自己的良心在做事了，依然会遭到别人的批评、诽谤甚至是辱骂，这又该怎么办好呢？这种情况下，也可放宽心，不必去理会他人对自己的评价，也不要因为别人的诽谤侮辱就自我怀疑和急躁焦虑，索性当个充耳不闻的人好了，只要你问心无愧。

因为人活在这个世界上，不可能做到让每一个人都喜欢他。

有一位名叫凡尘的禅师，他擅长画画，风格独树一帜，而且卖画的方式也颇为特别。别人卖画，都是先画好了再收钱，而他的要求是，先付了钱再画画，不然他不会动笔。他的这种做法让很多人感到不满，觉得他是一个假和尚，唯利是图。

有一天，一位女施主来到他面前，想请他为自己画一幅画，凡尘问她：“那么施主愿意付我多少酬劳呢？”

女施主非常爽快地说：“你要多少都可以，只要你愿意随我到我家里当众去作画。”

凡尘随着女施主来到她的家，正好女施主在家中宴客，凡尘按照她的要求，当众为她作了一幅画。正当他拿着酬劳想要离开的时候，女施主对着众人说：“这位大师画画确实了得，但却是为钱而画，显然心灵不够纯净，这种污秽心灵的作品，挂在哪里我都觉得不合适，看来只能用来装饰我的裙子了。”然后她将自己身上穿着的裙子脱下，要求凡尘在裙子背后作画。

凡尘问她：“请问施主愿意付我多少酬劳？”

女施主回答他说：“随便你说多少都可以呀。”

凡尘说：“那就二百两银子吧。”

女施主知道这是一个昂贵的价格，但还是答应他了，于是凡尘开始按她的要求画画。这个过程中，席间的众人都对他指指点点，但他依旧平静地作画，似乎没有听到似的，完成了之后，他拿着报酬就离开了。

很多人不解，为什么凡尘为了钱愿意受女施主这样的侮辱呢？其实，很多人不知道事情的原委。凡尘居住的地方经常发生灾荒，百姓生活困苦潦倒，有钱人不愿意出钱帮助这些贫困的人，凡尘只好建了一座储存稻谷的仓库来帮助他们。

此外，凡尘的师父在生前曾经有一个愿望：希望可以建一座寺庙。然而，愿望没有实现，师父便去世了，凡尘希望自己可以完成师父的遗愿。

后来，凡尘在解决了老百姓的困难，完成了师父的遗愿后，就不再为钱去作画了。他不想解释，是因为他根本没有把那些侮辱放在心上，他所做的事对于他而言是无愧于心的，因此不必去介意。

既然我们无法左右别人的言语，那么尽管做自己想做的事，不必强求他人的理解和认可，做到问心无愧即可。

也许很多人正承受着舆论的压力，所谓“人言可畏”，大抵如此。然而，真正可畏的并不是人言，而是我们的内心不够坚定。因为我们的自信心不足，所以才会感到愧疚，才会在乎别人的议论。如果我们可以坚定自己的信念，真正做到不计较，那么舆论就自然不会对我们造成压力了，我们的心境也将变得平和。

别人的舒适其实和你没有关系

我有一个好朋友，名叫林枫。之所以会和他成为好朋友，是因为他为人热情，给我们带来了许多快乐。但是，他身上有一些缺点，让我有些不满。例如，他总是盯着别人的生活看。

有一次，正当我在认真做一件事时，一阵急促的敲门声打断了我的思路。我急忙去开门，看到了林枫忧伤的表情。我请他进屋，关切地问及原因。他伤心地告诉我说："你知道吗？咱们以前的班长，留校当了辅导员。"

我说："这个不是大家都知道的事情吗？与我们又有什么关系呢？"

林枫叹了一口气，说："看来，很多事情你是不知道。他留校当辅导员不到一年，因为表现特别优秀，就被学院破格提拔为讲师了，如今高校很多硕士生、博士生毕业了都不一定能当讲师，他居然混了一年就有这个成就了。"

我奇怪地问他："这不是挺好的吗？你怎么如此难过呢？"

林枫又叹了一口气，说：“唉，人家现在可风光了，在大学里当讲师了，这是多少人羡慕不来的工作啊，待遇又好又体面，那日子别提多舒服了，我是没有这个本事了，真的是好难过啊。”

听了他的话，我觉得有些可笑，就转换话题没有再往下说了。

过了一段时间，我接到了林枫的来电，他非常紧张地对我说：“你记得咱们班以前那个李晓明吧？”

我说：“当然记得啊，以前整天挂科的那一个呗。”

林枫接着说：“对啊，以前她学习成绩不好，毕业了之后又找不到什么好工作，可是你知道她现在混得多好吗？据说她嫁了个有钱人，现在住着大房子，也不需要去上班就有花不完的钱，每天都在朋友圈里头晒幸福啊。”

我听了，平静地问他：“可是，那又怎样呢？”

只听林枫愤愤不平地说：“凭什么这种人能够过上舒适的生活呢？咱们这么努力，最后居然混得还不如她，我真是太不甘心了！”

我不知道该如何接他的话，只是应付了几句，便把电话给挂了。

后来，很长一段时间，林枫都没有找我。我觉得很奇怪，于是便主动去他家看望他。不曾想到，林枫家里居然摆了很多股票的书籍，而我知道他一直对于股票投资是没有兴趣的。

他告诉我："这段时间似乎行情不错，朋友依靠股票狠狠赚了一把，那日子过得可滋润了。我琢磨着，我又不比他笨，肯定也能行。以后赚了大钱啊，一定请你吃饭！"

我听了，皱了皱眉头，实在是忍无可忍了，我夺走他手中的书，严肃地对他说："林枫你知道自己在干什么吗？每天总是盯着别人的生活看，你自己的生活呢？别人的日子过得怎么样，跟咱们有什么关系，你没有自己该做的事情吗？"说完后，林枫沉默不说话了。

奥运冠军刘翔有一次在日本参加比赛的时候，记者问他："天气预报说今天有点风，请问这个对你的比赛有影响吗？"刘翔回答说："我从来不考虑天气。"记者又问他："你所处的这个组 8 个选手的实力都不够强，这次比赛是否比以往的要轻松呢？"刘翔回答："我从来不会去考虑别的对手实力如何，我只管跟自己赛跑。"

其实，人生也一样。我们只管跟自己赛跑，只管做自己想做的事和该做的事，不断地把自己变得更好就可以了，别人过得怎么样，好与不好，不是我们需要考虑的事情。

生而为人，无法生活在真空之中，一定是处于各种各样的环境中的。

因此，从小到大，我们都离不开与他人的比较。小时候，家长总喜欢拿“别人家的孩子”跟自己的孩子比，长大后，我们自己会主动去跟身边的人比。可是，每个人的长处短处不同，每个人的需求感受不同，比来比去，意义又在哪里呢？看别人的生活过得比自己好，内心就不平衡，然而我们可曾想过，别人是经过怎样的努力才获得现在的生活，这份努力我们又是否比得上呢？因此，不需要盯着别人的生活看，也不需要因此苛求自己，别人过得好，我们祝福就可以了，自己的生活，自己把握，不必被他人影响。

要相信，每个人活在这个世界上，都有自己独一无二的价值。我们身上，也有一些让人羡慕的闪闪发光的特质。同时，当然也有一些无法改变的缺点。不必一味地羡慕别人的幸福，多看看自己拥有的，好好珍惜，好好享受，专注于自己的人生，做好我们自己想做的、该做的事情，就可以过上无憾的人生。

冲动是魔鬼，发怒只会伤神又伤身

《愤怒可杀人》一书是美国作家雷德福·威廉姆斯与他的夫人弗吉尼亚一起写的，说来也蹊跷，作者雷德福·威廉姆斯在书中讲述了愤怒的诱因及严重后果，劝诫人类应该减少敌意，这样才能生活得更美好，更成功。而他自己呢，却无法控制自己的情绪，最终因为生气而去世，真是可惜可叹！

威廉姆斯在工作中不慎弄伤了背部，不仅自此失去了工作，并且一直忍受着背部的伤痛。他属于易怒的性格，因为自己受了伤十分生气，因为伤口迟迟不痊愈他又十分生气，因为老板的不公平对待他也十分生气，因为家人不够关爱他愈发生气……

在这样的情绪笼罩下，威廉姆斯几乎整日都待在家，不接朋友的电话，总是陷进自己的坏情绪中无法自拔。而且，如果有人问起关于他以前生活的事情，例如“你还会和以前的工作伙伴见面吗？”他便会更加生气。

有一天，他出去散步，忽然遇到了他的一个“仇人”，这时他突然情绪激动，双手捂住胸口，接着摔倒在地。很快，救护车就把他送到了医院，他告诉医生，不知怎的一看到那个人就火冒三丈，接着他就感到胸闷窒息。医生听了，判断他那是心脏病发。

后来，他一直深陷于坏情绪。在他 41 岁的那一年，他又心脏病发了。在医院里，所有的医生都警告了他：不能再那么易怒了，否则他的心脏会受不了，会因此而丧命的。可威廉姆斯的脸上又出现了那种生气的表情，并告诉医生：“不行！我宁死也无法接受这一切，我做不到不生气！”而他的这句话也预示着他的生命即将到头。

过了大半个月，当威廉姆斯再一次因为生气而大吼大叫时，他第三次心脏病发了，而这也是他生命里最后一次发病，因为这次犯病导致了他的死亡。

威廉姆斯的故事告诉我们，易怒冲动的坏情绪是导致他最后悲惨结局的原因。在国外，有一句街知巷闻的话：“上帝想要让他灭亡，必先使他疯狂。”冲动就如洪水猛兽一般，让人丧失理智，进而让人失去应有的自制力。心理学家提出，冲动是由外界刺激引起的，它会让人突然丧失理智且带有盲目性，是人的一种行为缺陷。

正所谓“冲动是魔鬼”，冲动会引起愤怒，而愤怒会伤害人的身体和精神状态，还常常会给人带来麻烦，例如人际关系的疏远和紧张，如果一个人长期处于愤怒的状态中，那么他的健康状态会受到很大的影响。《灵枢·百病始生》中有这样一句话：“喜怒不节，则伤脏，脏伤则病起于阴。”经常愤怒，容易引发高血压和心脏病，并且病情会持续加重，甚至危及生命。持续愤怒的后果和危害性非常严重，我们每个人都应该正确认识并避免它。

著名的英国化学家亨特，也是因为愤怒情绪而丧失了生命。事情是这样的，他在一次医学会议上因为被他人顶撞而大怒，直接导致心脏病发作，当场就结束了自己的生命。

所以，不要小看冲动的情绪，它不仅是最无力的情绪，而且还是最具破坏性的情绪。很多人都曾在这种冲动情绪下说出让自己难堪的话，做出让自己后悔的事情。因此，我们要学会控制自己冲动的情绪。

有人认为，情绪要找到一个出口，把它全部发泄出来，心里的感觉便会好受很多。不过，心理学家认为，这并不是一个正确的做法。对此，心理学家向人们提出了一种有效的方法——“重新判断”，也就是说，要学会从另一个积极的角度去看待那些让你生气的事。例如，当你非常着急，而前面又有车子堵住了你的路时，你或许会非常生气，此刻应该告诉自己：“任何事儿都不值得那么着急，安全第一。”这样，你的怒气就会减少一半了。心理学家们经过无数的调研方法发现，“重新判断”的确是有效控制不良情绪的好方法。

当我们预感到自己即将要生气时，应尽量先让自己平静下来。有相关实验表明，一个人处于激动情绪时，血液中去甲肾上腺素的含量明显增高，而去甲肾上腺素会大大加快血液循环，使人身体活力倍增，进而导致争吵时需要的能量得到阶段性的供应。也就是说，如果我们能够抑制这种生理能量供应，那么就会降低你愤怒的程度和幅度。所以，让自己平静下来，就是控制情绪的首要对策。

远离嗔怒心，适时退让一步

“嗔”的意思是生气、发怒。少嗔，就是尽量少生气、少发怒，甚至不生一点嗔怒心。

远离嗔怒心，就是要求我们在日常生活中要做到制怒控温，遇到冲突时，要控制住自己的情绪，懂得用以退为进来解决矛盾，化解冲突。

一辆车子经过一个小村庄时，一个中年农妇突然小跑着横穿马路，车子来了个急刹车，差点撞着农妇。那农妇顿时火冒三丈，冲到驾驶室前对着司机开始了没完没了的谩骂。司机没有还嘴，点燃一支烟，慢慢地吸着，听农妇从“小骂”上升到“大骂”。一支烟吸完，趁农妇喘口气的功夫，司机终于开口了：“如果我刚才刹车晚了，把你轧死了，这会儿你还能骂吗？”农妇想想有理，可能是又想起自己骂了这么久，对方没还一句口，便不好意思，赶紧道歉，一场口舌之争迅速化解了。

很多时候，其实退一步很简单的。你觉得你有理，别人说你一句，你回十句，只能激化矛盾，到时候即使你确实有理，也没有用了。所谓“退一步海阔天空”，适时地退一步就会化解矛盾，消除误会，化解尴尬。

很多时候，容与忍往往是统一的。退让一步，不是懦弱，而是以退为进，在容忍中寻找解决问题的最佳方案。

“六尺巷”的故事，发生在清朝中期。当朝宰相张英与一位姓叶的侍郎都是安徽桐城人。两家毗邻而居，都要起房造屋，为争地皮，发生了争执。张老夫人不甘示弱，便马上修书一封要儿子张英出面干涉。这位宰相到底见识不凡，看罢来信，立即作诗劝导老夫人：“千里家书只为墙，再让三尺又何妨？万里长城今犹在，不见当年秦始皇。”母亲见书明理，立即把墙主动退让三尺。叶家见后，也主动退后三尺。这样，张、叶两家的院墙之间就形成了六尺宽的巷道。

道理很浅显易懂，可是能参悟和运用的人却是凤毛麟角。顺境时，还能相安无事。一遇到逆境，比如名利纠纷，便嗔心大起，翻脸不认人，争得你死我活，结果结发夫妻变成冤家对头，多年好友变成仇人，各个落得个遍体鳞伤、两手空空，有的甚至身败名裂、命赴黄泉。

人所以患嗔病，容易发怒，喜欢计较蝇头小利，就是修养不够。其实，在不违背原则的情况下，适当地退一步是完全可以的。可以换个角度去思考问题：一切困境或者难以解决的问题，只有生气发怒才能解决吗？

无数的事实证明，生气不能解决任何问题，只能增加事态的严重。这个时候，如果控制住自己的情绪，懂得“忍耐”，适时地退让一步，认识到世间一切都是自有因果，没有你我、好坏的分别，那就不容易犯“嗔”的毛病了。

学会忍耐

工作和生活中总会有一些磕磕碰碰，不称心的事情也在所难免，吃亏的事情更是常有发生。面对这些事情，我们要学着做到泰然处之，心胸开阔，不计较一时的利益得失，不在乎眼前吃亏，而是以一颗宽容之心，容忍别人的伤害，凡事三思而后行。唯有这样，才能成就大事，进而实现自己的梦想。

很多时候，人生就是一场戏，会时不时地同你开一些不大不小的玩笑，让你备受折磨。要想把握自己的命运，就得学会忍耐，当忍则忍。

从古至今成大业者，忍是必备的一种品格。

韩信受胯下之辱、张良受老儿捉弄之苦，都是训练自己的忍耐力。

埃涅阿斯在特洛伊城被攻破的时候，他没有绝望，反而英勇地参加战斗，最后万般无奈，只好背着父亲，带着妻子、儿子从大火中逃走，妻子在途中走散被杀，经历了千辛万苦终于建立了古罗马。苏格拉底曾经对埃涅阿斯的逃跑大为赞赏，认为他有坚毅的性格，能忍他人不能忍的耻辱，这才是真英雄。

三国时期，有一祢衡“击鼓骂曹”的故事。祢衡是当时一位有名的才子，曹操请祢衡，实际是想让他做个军务秘书长，动机挺好。但请来祢衡之后，曹操没有请他上坐，这就伤害了生性高傲的祢衡。接着祢衡就挖苦曹操手下无能人，并自夸才能。曹操大权在握，就要祢衡给他击鼓，以此羞辱祢衡，祢衡也不拒绝。击鼓应换新衣服，按规定仪式进行，可祢衡只穿随身衣服。尽管这样，祢衡到底是才子，他击了一曲《渔阳三挝》，让在座的人都感动得掉下眼泪。曹操手下人则坚持要祢衡换衣，祢衡干脆裸体击鼓，以此羞辱曹操是国贼。此时一片喊声杀声，但曹操却很冷静，他容忍了祢衡，他不能因杀一个手无寸铁的祢衡，背上忌才害贤的罪名，使天下人对他望而却步。这一系列的事情曹操都做得很好，正是这种忍耐和大度，为他赢得了很多人才，助他建立伟大功业。

很多时候，学会忍耐，并不是表示自己软弱，而是一种坚强意志的体现，是处事成熟的标志。能否忍耐，是一个人理智、修养、气质、人格的外现。对于命运中的一些痛苦、危难或是一些不幸的遭遇，你能不能忍受？你有多大的忍耐力？对他人的一些粗俗无礼之举，你有没有忍让的雅量？

人生的路，曲折离奇，又夹杂着酸甜苦辣。我们要在挫折面前学会忍耐。学会忍耐，让我们懂得成长，明白人生的道理；学会忍耐，让我们懂得“失败”的价值；学会忍耐，让我们能够沉着冷静，在安静中积蓄力量，壮大自己。

忍耐是一种豁达的人生境界。人生是一个漫长的旅程，学会忍耐，人生才会变得简单而明快；学会忍耐，才会让是非随风，恩怨成水；才能让同事之间、邻里之间、朋友之间，永远洋溢着一种和谐美好的气息，让人生永葆“坐看云起”的大度与从容。

走自己的路，让别人说去吧

20 世纪 60 年代，在美国，有这样一位竞选某州议会议员的人。他拥有出色的条件和过人的才华，甚至还曾经担任过大学校长。这在一般人眼里，是很有希望可以当选议会议员的，他自己也是充满了信心。

可是，事情往往没有自己想象的那么顺利。在选举的过程中，忽然有一个关于他的谣言不胫而走，说在几年前，这位候选人曾与一名年轻女教师有一些暧昧的行为。

听到这样的谣言，这个候选人自然是非常生气，于是他想尽办法为自己辩解。在接下去的每一次与选举有关的会议上，他都会为自己澄清此事，不断地向公众解释。

其实，大部分的选民原本是不知道这件事的，但是在他一再地解释之下，人们对这件事的了解程度越来越深，并且也越来越相信有这么一回事。很多人还反问他："如果真的没有这回事，何必一再为自己辩解呢，清者自清。"这让他更加生气，更是花大力气在各种场合为自己解释。

最终，这位候选人不仅落选了，还落下了一个坏名声。

在日常生活和工作中，我们难免会遭遇到一些流言蜚语，有些甚至是恶语中伤或是故意陷害。面对这种事情，如果我们不能管理好自己的情绪，像上面故事中的那位候选人那样，大动肝火，不停地为自己辩解，那只会把事情弄得更糟。

总有一些心理扭曲的人喜欢中伤他人，或许是因为他们心中有很多不满和不快，找不到发泄的途径，就只好把怨气发泄到他人身上。

或许我们会感到很委屈，凭什么要我们无缘无故遭到中伤，所以可能会抱着“以其人之道还治其人之身”的想法去报复对方。然而，这么做到底有什么好处呢？只会让我们和对方陷入无休止的纠缠当中罢了。因此，这样的报复心理是绝对不能有的。其实，面对这样的事情，更好的办法是专心做好自己的事情，让自己走得更远，活得更好。因为那些喜欢中伤别人的人，都是一些又懒又闲的蠢人罢了，真正的聪明人不会把自己的时间浪费在别人身上。专注于自身，忽略他人的中伤，才是最好的反击方式。

但丁有一句名言：“走自己的路，让别人说去吧！”寥寥数语，却是人生真谛。在遭遇他人恶语中伤的时候，好好走自己的路就是了，不要因为他人的评价和伤害而感到烦恼。当然，想要做到这点也是不容易的。

当我们面对他人的中伤时，先冷静下来分析看看，如果是善意的批评和意见，我们应该虚心接受并纠正自己的错误，如果是纯粹恶意的诽谤和诋毁，那全当耳边风，不必去理会它。总体来讲，就是这样一个简单的原则：益则收，害则弃。因为如果我们纠结于这些恶意的中伤，最终伤害的只会是自己。所谓“清者自清”，有些时候，谣言就好比一池污水，解释就好比搅和，污水只会越搅越脏，不如静静等待，让它自行澄清。抱着这样的态度去解决问题，事情自然也会迎刃而解。

我们还可以换一个角度去看待问题，人与人之间的相处，本就是充满各种摩擦和矛盾，或许对方只是心情不佳，或许只是说者无心听者有意，每个人都宽以待人，便可以“退一步海阔天空”了。只要我们心胸再宽广一点，肚量再大一点，事情总会往好的方面去发展的。

如果宽以待人，不去理会对方，还是不能让伤害停止，这个时候我们就要学会适当反击了。这里所谓的反击并不是指“以牙还牙”，而是适当地给他一个警告，向对方发出信号，防止我们继续受到伤害。有这样一个古老的说法：想要打败敌人，最好的方法就是把敌人变成朋友。不管这个说法从何而来，但这确实是一个好方法。很多人被他人伤害以后，很难原谅对方，忘记过去的事情，但是这样的结果却是让自己深陷于痛苦中无法自拔。最好的方法，就是想办法把对方变成朋友，方可停止对方对你的伤害。

加入地域交流群
和同地区书友
共享慢思考
》入群指南见勒口

Chapter 4

×

懂得放下，找寻自在快乐

放慢脚步，静静欣赏自然之美

南怀瑾大师曾经说过，我们不应把名利当作衡量社会地位的标准，因为收获名利不等同于收获快乐，人生短短数十年，我们应该要学会享受生命。然而在现代社会，到处充满浮躁之风。随着生活节奏越发加快，人们似乎越来越难以体会到生活的乐趣了，也越来越难以体会到世界的美好。

朱自清著有《春》，三毛著有《夏》，罗兰著有《秋颂》，茅盾著有《冬天》，文学大师们用他们的作品向世人展示大自然的美。春天万物复苏，夏天阳光灿烂，秋天云淡风轻，冬天白雪满地，一年四季，在不断更替中，展示着不一样的美。

自然界中充满着耐人寻味的美感，正如南怀瑾大师说的那般，因为如今的人们都在路上奔波，只知道一味地往目的地赶去，无暇停下来欣赏沿途的美景，更不曾试过张开双臂，拥抱大自然。

在《桃花源记》中，陶渊明描写的世外桃源让人神往。桃花源是一个繁花盛开、绿树成荫的地方，它寄托了陶渊明的憧憬。陶渊明年轻时曾不得志，到了四十一岁才被举荐为县令，然而因为当时的统治阶级黑暗而腐朽，陶渊明不愿屈从，在官场上始终无法施展抱负，也无法创作出好的作品。后来，陶渊明辞官隐退，在家里作诗抚琴，尽情享受田园生活的美好，反而体会到了人生该有的意义。他隐退后的二十多年中，作出了许多被后人反复称赞的诗词作品，例如《桃花源记》《归去来辞》《归园田居五首》《挽歌诗三首》《饮酒二十首》等。

我曾看过一篇报道。一对毕业于医学院的小夫妻，因为厌倦了纷纷扰扰的城市生活，选择了辞职山居，去实现他们一直以来的治病救人的梦想。他们居住在一个小院子里，竹林环绕，山清水秀，门外贴着这样一副对联：“归园山居烹药引，竹影花香静练丹”，门头上的门楣写着“如是医庵”。从此，他们过上了采药、熬药、治病救人的简单日子。让这对小夫妻感到非常欣慰的是，自从他们辞职住进山里来以后，两个人的身体变得越来越健康，曾经因为高强度工作而留下来的病痛缓解了不少，心情也好多了。

从早晨的太阳感受到成长的美好，从傍晚的夕阳感受到自然的美丽，用心去感受大自然的美，不受社会的纷繁所困扰，才能够保持心灵上的纯粹和安宁。这样的人生才是大部分人真正向往的。

其实，生命中很多事情都是无法改变的，很多东西都是无法强求的，淡泊从容的人生，反而更能活出精彩的瞬间。

知足常乐，不是不作为，也不是一种逃避的态度，而是一种智慧。大自然的美好是对我们人生的一种恩泽，如果不想遗憾终生，就放慢你前进的脚步吧，停下来，看看大自然的美好，你的人生一定会更与众不同。

静下来，想想自己眼下的生存状态

随着经济的不断发展，人们向前奔跑的速度也在不断加快，每个人都害怕被这个时代抛弃，因此在时代的浪潮中不知所措地前进着。只有偶尔停下来时，才会问问自己的心，到底是为了什么而出发。

要记住，千万不要等到一切都来不及了，才想起有些事情还没有去做。

有一位老先生，在得知自己生命垂危的时候，在日记本上写下了一段话：

> 倘若人生可以从头来过，我一定不会这样去活。
>
> 我不再事事追求完美，不再对自己苛刻，而是更多地去尝试，不怕犯错。我不会再患得患失，不会再斤斤计较，而是保持一颗平常心。
>
> 如果可以，我希望每年都可以去旅行一次，看看别处的风景，体验不一样的人生。哪怕路途艰辛，我也一样愿意出发。

过去的几十年中，我活得太累了，每时每刻都在争分夺秒，不希望浪费一分一秒，活得太清醒太明白，其实，过于正确，反倒就成了一种错误。

如果可以重来，我可以什么都不准备，不带钱，不带包，甚至可以不穿鞋子，就走到大街上去，走到户外去，我只想，好好地玩一玩。

还有，我还要去游乐园，多玩几次旋转木马；我还要去海边，多看几回日出日落；我还要和我的家人朋友一起，多聊一会儿天。

只是，这一切都不可能了。

故事中的这位老先生，其实也是我们自己。一直往前奔走的结果往往就是：我们忘了偶尔停下来，看看自己如今的状态，看看沿途的风景，不至于自我迷失。我们在生命走到尽头的那一刻，反观自己的一生，是否会因为不断前行，而错过了一些真正想要拥有的美好？是否会因为不断暴走，而不曾倾听过自己内心深处的想法？

停下来吧，思考自己的生活状态，这不是浪费时间，而是一种自我反省，它可以促使我们不断地向过去告别，不断地修正自己的弱点，不断地巩固自己的强项。这种自我反省，会让我们更了解自己，同时把握住一些不能错过的良机，真正实现潜能的释放。

在暴走了一段时间之后，停下来看看自己，这样做是很有好处的。我们的人生，是一个柔软的可大可小的容器，也就是说，我们的能量是可以得到最大程度释放的。因此，如果我们能够做到制定目标，一步一步地实现目标，那么我们的生活就可以远离平庸。

第一步，看看自己是否在实现长远目标。

每个人都应该有一个长远的、明确的目标，这个目标是结合你个人的人生观、能力、兴趣爱好后，深思熟虑为自己量身定做的。它就好比你人生路上的指明灯，就算一时半会儿遇到了黑暗，找不到方向，它仍会引导你前进。也就是说，一个明确清晰的目标，可以成为我们人生的原动力，可以为我们带来积极的前进欲望。

现在你知道了，有一个长远明确的目标，是非常重要的。那么，在停下来思考如今的生存状态时，有几个问题可以问问自己：

你是否在朝长远目标前进？有无偏离？

在前进的过程中，遇到了哪些困难，是什么原因造成的，日后能否避免？

目标是否符合自己的发展，是否需要调整和更新?

这种对目标的坚持，和对自身的反省，有助于你保持清醒的头脑，调整状态更好地朝它进发。

第二步，反思自己是如何支配个人资源的。

不要小看我们拥有的个人资源。一个人的资源主要包括他的天赋、时间以及经历。如何支配这些已有资源，会影响到一个人的最终发展结果。

有时候，个人资源的支配方式不同，会导致生活的走向不同。例如，有些人把时间用在了读书学习上，那么知识会给他带来能力，能力终究会帮助他在职场中获得好成绩；而有些人把时间用在了游戏、娱乐上，虽然可以获得短暂的快乐，可是长此以往，人生可能会面临失败。

因此，如果你一旦确定了自己的长远目标，就应该做好资源支配计划，把自己已有的资源用在合适的地方。例如，如果你希望家庭关系和睦，那么就应该把更多的时间花在经营家庭关系上面来；如果你希望自己的事业更加成功，那么就应该把更多的精力投入到事业中去。

停下来，看看自己的资源是如何利用和支配的，是否用对了地方，如果不是，应尽早调整。

第三步，想想自己是否在避免“边际成本”误区。

如果你恰好对经济学有一些兴趣，你就会明白，不管有没有收获都需要投入的叫作“固定成本”，投入了没有收获却也要不回来的，叫作“沉没成本”；而所谓“边际成本”，就是每一次付出都会使人生总成本增加的那部分内容。很多人关注这部分成本，是因为适当地付出，不会对人生产生太大的影响。例如，一次错误的尝试，对人生不会产生太大影响。但事实上，很多坏习惯都是由“边际成本”形成的。

所以，仔细思考一下，你过去是否在 100% 地坚持原则？如果只是 90%，那么，你可能无法得到一个让你非常满意而不后悔的结果。如果你曾经犯下这样的错误，那么从此刻开始，重新思考自己的原则，并给出一个清晰的界定。从此以后，用自己的原则作为基准，确保自己 100% 坚持原则。

我们的人生只有短短数十年时间，可以用来自我提升、成就自我的机会并不多，不要为自己找借口，也不要一味地往前奔跑，要适当地停下来思考自己的状态，反思自己的行为，那么就可以减少他日后悔的可能性。试着从不同的角度，不同的侧面去解读自己吧，你会看到更多不一样的自己，也会更了解自己。

不纠结过去，不忧心未来

每个人都在向往幸福和寻找幸福，那么，幸福到底是什么呢？

幸福不是大鱼大肉，不是金银珠宝，也不是功名利禄。幸福很简单，它就在我们每个人的身边。只要我们对生活怀有一颗感恩的心，就能够感受到，幸福就在我们身边。

这个世界上，有三种人，一种是活在过去的人，一种是幻想未来的人，一种是把握现在，为未来不断努力的人。

我们要努力做到活在当下，在人生的哪个阶段就做哪个阶段应该做的事。少年时代努力读书，为自己积累更多知识；青年时代努力工作，为自己积累更多人生经验；中年时代修身养性，让自己更好地感悟人生。

汉宣帝刚刚继位的时候，想要把祭祀汉武帝的“庙乐”升格，但是遭到了夏侯胜的极力反对。夏侯胜因为为人耿直，得罪了不少大臣，于是这时候不少以前与他有过结的官员联合起来弹劾他，称其为“大逆不道”，连同不愿意参与此次弹劾的丞相黄霸也一同被弹劾上报，于是这二人被打入大牢，等待处死。

夏侯胜在牢里一筹莫展，郁郁寡欢，想到皇上居然如此冷漠薄情，心灰意冷，不愿进食，身体一天不如一天。黄霸却十分乐观，之前他一直很仰慕夏侯胜，但是苦于没有机会接触请教，如今同关在一个牢里，就主动请教夏侯胜。夏侯胜没有这个心思，他说：“咱俩都大限将至了，现在还说这些有什么用呢？”黄霸说：“人就应该活在当下，珍惜当下的每一刻，学有所悟，正如圣人有云‘朝闻道，夕死可矣。’过好今天就可以了，何必总是想着明天呢？”夏侯胜听了这番话，觉得非常有道理，精神为之一振，于是他开始振作起来，和黄霸一起谈古论今，交流心得，每天有所学有所悟。

汉宣帝念在两位大臣有功，没有处死他们。两年之后，大赦天下，夏侯胜和黄霸都出狱了，因为他们在牢里每天都研读学习，学问长进了不少。后来，夏侯胜被任命为太子的老师，黄霸则以其政绩突出而闻名天下。

试想一下，如果当初夏侯胜和黄霸因为坐牢而一蹶不振，对生活失去了希望，又怎么会有出狱之后的成就呢？正是因为他们懂得活在当下的道理，珍惜每一天，哪怕是处于牢狱，仍在坚持学习，才有了后来的那段佳话。

很多时候，我们的痛苦来自于我们没有珍惜当下拥有的东西，反而去盯着那些没有的东西。所以，总是在悔恨和不甘之中难以自拔。活在当下，不回首过去，不幻想未来，让当下的每一天、每一分、每一刻都过得充实而有意义，你的未来，你的人生也自然不会差劲。

很多时候，人们的烦恼都是自找的。世界可以很复杂，因为你的内心复杂；世界也可以很简单，只要你的内心简单。保持良好的心态，事情就会顺利得多，一旦欲望过多，烦恼也就随之增加。所以，很多烦恼其实都是没有必要的，与其说生活充满了各种各样的烦忧，不如反思一下自己是否在自寻烦恼。

因此，人生的智慧不过四个字：顺其自然。顺其自然自然心无旁骛，心无旁骛自然淡定自若，淡定自若自然可以收获简单快乐的人生。不必刻意掩饰自己，不必刻意迎合他人，做一个简单真实的人即可。无所谓失去，都只是经过而已，也无所谓失败，都只是经验而已。人们总说要寻找自我，其实自我不必寻找，自我始终就在自己身上。

南怀瑾大师曾经说过，嘴巴长在别人身上，我们无法捂住别人的嘴巴，但是我们可以捂住自己的耳朵；我们可以捂住自己的耳朵，但我们无法控制自己的心不去想。因此，说到底，修炼自己的心性才是最重要的。

人活在这个世界上，避免不了遭到他人只言片语的评价，不必过分在意，走自己的路，让别人说去吧。

当你拥有一颗平静的心，你会发现，幸福已经悄悄来到了你的身边。

自在快乐的人，都是“记性”不好的人

人生的道路充满了艰难险阻，每个人在成长的过程中都会遇到各种各样的坎坷。当你失去了一件你本该拥有、也非常想要拥有的东西时，如何去面对这种失去，也体现着一个人的智慧。

有些人总沉迷于过去，无法自拔，终日因为过去发生的错误而感到遗憾，为错过的事情而感到不甘。然而，痛苦的情绪只会让你更加痛苦，并不能挽回各种损失。要知道，沉迷于过去的错误无法自拔，会成为未来道路上的绊脚石。

世界著名的棒球手康尼·马克，曾经因为输球而懊悔不已，不过后来他想明白了。“过去的事情既然已经过去了，就没有必要陷入痛苦的泥淖中无法自拔，这就好比，流入河里的水，无论怎么努力也是取不回来的。”

的确，流入河里的水是取不回来的，事情既然已经发生了，就无法改变它的结局，我们可以做的是在事情发生后采取更乐观积极的态度去看待它，而不是一直沉浸在懊悔和难过的情绪中。

有这么一个“打翻了的牛奶”的故事。有一天，威尔逊为学生上课之前把一瓶牛奶放在讲台上，没有说一句话。学生们不明白一瓶牛奶跟今天的课程内容有什么关系，只是安安静静地看着老师。威尔逊突然站起来，把那瓶牛奶打翻在水槽中，说了一句：“不要为打翻的牛奶而哭泣。”

然后，他让学生纷纷到水槽边上看一看，告诉他们说：“同学们，我希望你们永远都要记住这个道理，牛奶打翻了，已经淌光了，不管你怎么伤心怎么后悔，都没有办法挽回一滴。如果你们事先考虑到这一点，那么可能有机会想办法去保住这瓶牛奶，可是如今已经晚了，做什么都没有办法补救，唯一能做的，就是忘记这件事，然后留心下一件事。”

面对这瓶“打翻了的牛奶”，关键在于你是否能够凭借自己的力量走出来。有的人无法面对事情无法挽救的结局，万念俱灰，终日一筹莫展；有的人则不惧黑暗，静静等待，因为黎明终将降临，曙光也就在眼前。威尔逊的那一节课，就是要告诉同学们这个道理。这个简单的动作，让同学们学习到了课本上没有的知识。而威尔逊的那一席话，也让同学们回味终生。

“不要为打翻了的牛奶而哭泣”，有的人会觉得这是让人厌恶的陈词滥调。但是在现实生活中，大部分人还是做不到的。不管是学习、工作还是生活，很多人都会纠结于自己曾经没有把握好的，或是做错了的事，结果让这种情绪持续影响自己，导致下一件事也无法做好。很多职场上的人对此可能深有体会，你为自己的工作担惊受怕，害怕影响公司的业绩，害怕受到领导的批评，而这种害怕，很可能会影响到你接下来的工作表现。当你明白了“不为打翻的牛奶而哭泣”这个道理，就会明白，平日里纠结于错误不放，是根本不值得的。

你可以改变下一刻可能会产生的后果，但是你无法改变上一刻已经发生的事情。人无完人，每个人都会出现错误，失误总是让人懊悔万分，这时我们就会开始自责，开始幻想如果时间能倒流那该多好，可是我们也明白，时间无法回到过去，错误已经发生了，已然无法重来。但是，换一个角度想，每一个错误其实都是成功的试金石，每一个错误其实都是一笔宝贵的财富，我们要从错误中得到教训，并且将其铭记于心。

其实，我们不应该去为失去的东西而过度惋惜，更不要怨天尤人。因为无论你怎么埋怨，事情的结果都不会改变，失去的东西也不可能回来。真正需要做的，是把握和珍惜现在拥有的，当下和未来才是最重要的。已经发生了的事情，就让它过去吧，保持一颗平常心，顺其自然，才是幸福生活的真谛。

牛奶打翻了，任凭你如何惋惜，都取不回来一滴；鸡蛋打破了，任凭你如何看着它，也没有办法变成一个完整的鸡蛋了。既然如此，还不如潇洒地对自己说：“算了吧！”然后该做什么继续做什么，投入新的生活。如果一直盯着过去不放，那么阴影在心中挥之不去，自然会把痛苦放大，给自己带来不必要的烦恼。

强大的内心是一切力量之源

一个人的内心是否足够自信和强大，对一个人能否成功有着关键性的作用。这是因为，一个人能否按照自己的计划去采取行动，取决于自己的内心。

在现实生活中，人们常常会被自己的情绪所影响，会被周遭的环境所影响。有时候，当意志力不够，觉得生活非常辛苦时，精神世界也会变得空虚。为什么会出现这样的情况呢？那是因为我们总是不断地在追求物质的丰厚，而忘记了精神上的供给；一味地想要获得更多的东西，反而会失去更多重要的东西。

在深山里，住着一位神秘的魔法师。

有一天，下起了大雪，大雪把山路都封了。魔法师打开门，看到了一只冻僵了的小兔子，于是赶紧把它抱进屋子里，兔子慢慢地醒了过来。从此，它和魔法师一起生活，白天出去晒晒太阳，晚上回到屋子里，日子过得非常幸福愉快。

然而，唯一让兔子觉得不舒服的是，屋子里同时还生活着一条蛇，尽管蛇已经被魔法师驯服了，但是兔子依然会觉得非常害怕。

一天，兔子对魔法师说："和您一起我觉得很快乐，但是一直以来有一件事情，让我感觉不太舒服。"魔法师笑着问："那你能告诉我是什么事情吗？"兔子说："每次看到那条蛇，我都会非常害怕，请求您把我也变成一条蛇吧，这样我或许就不再害怕了。"魔法师答应了，把兔子变成了一条蛇。

兔子以为自己变成了一条蛇，就不会害怕任何事物了。可是，它一出门，就遇到了一只凶猛的老鹰。兔子害怕极了，赶紧躲回屋子里，它对魔法师说："请求您把我变成一只老鹰吧。"魔法师又答应了，把兔子变成了一只老鹰。

这一次，兔子安心了，觉得自己终于可以天下无敌了，可是当它一出门，又看见了一头呼啸而来的老虎，吓得它拼命飞回家。兔子又难过地对魔法师说："不行不行，我还是做老虎吧。"可是，做了老虎的兔子，看到屋子里的那条蛇，依然非常害怕。

兔子不解，问魔法师："为什么即便我变成了勇猛的老虎，可还是会害怕蛇呢？"魔法师笑着跟它说："其实，关键不在于你变成什么样的动物，也不在于你的外表，而在于无论你变成什么，你依然保持着兔子的心态。”

拥有什么样的心态，就会拥有什么样的态度和力量，拥有什么样的态度和力量，就会造就什么样的行为。因此，内心不够强大是难以成功的。

这是因为，内心强大的人往往不轻易跟从他人，比较有主见，不管周遭的环境怎么样，不管身边发生什么事情，经历多大的变化，他依然会坚持自己的内心，心无旁骛地做自己该做的事。

急躁是解决不了问题的。在生活和工作中，当我们遇到困难时，只有直面困难，才有机会去克服它。方法其实不难，任何人都可以做到，它只有两个步骤：第一，保持冷静，理智客观地分析情况，预设和想象最坏的结果，然后勇敢地面对它们；第二，心无旁骛，把时间和精力都集中到所面对的问题上来。

实际上，急躁最大的坏处，是会分散人们的注意力。当我们心浮气躁的时候，很难冷静思考当下的状况，也很难想出有效的方法去解决。因此，当我们试着去想象和接受那个最坏的结果之后，就可以冷静下来，集中精力解决问题了。

生命充满了无穷无尽的力量，而这个力量之源，就是一颗足够强大的、勇于承担的内心。

劳逸结合，更好享受人生

人生在世，逃不开“压力”二字。读书的时候，面对升学的压力；好不容易快毕业了，又要面临就业的压力；工作落实了，接着又得面对各种竞争的压力；成家了，又得面对车子房子的贷款压力，还有孩子的养育问题……这么看来，人的一生似乎都在奔波劳碌，没有一刻能够停下来休息。然而，压力过大，过分劳碌的人生就如同紧绷的琴弦，如果一直处于紧绷的状态，那么总有一天会面临绷断的风险。拼命努力、奔波劳碌只是人生的一部分，懂得劳逸结合，才能更好地享受人生。

有一个很古老的儿童故事，想必大家都听过。有一只牛辛勤耕耘，非常劳累，每天都在为人类付出，可谓是任劳任怨。有一天中午，阳光炽热，老牛实在是累得动不了了，就回头跟主人说：“亲爱的主人啊，我太累了，能不能让我歇一歇呢？”主人答应了老牛的请求，老牛歇过之后又继续干活了，比之前更有干劲更有精神，效率也提高了不少。秋天的时候，农夫家收获颇丰，大家都感到很好奇，纷纷去向农夫求教。农夫说：“我并没有什么秘诀，不过是当我的牛累了的时候，就让它休息，渴了的时候，就让它喝水，饿了就喂它吃草呀。”这个故事很简单，告诉我们一个道理：劳逸结合是提高效率的有效办法。

为什么需要劳逸结合呢？因为我们每一个人的体力和精力都是有限的，如果过度操劳，没有及时地得到休息，那么身体就会如同一台一直运转的机器，终究会因为承受不了而停止运转。就好像，如果我们长时间使用一台电脑，电脑就会因为过度发热而出现问题。对于人而言，劳逸结合指的就是身体和大脑要得到充分的休息。比如白天努力学习和工作，晚上就要去休息，不能熬夜或通宵，因为这样身体是会受不了的。除了身体要得到充分休息以外，大脑也一样，我们可以通过健康的活动去让大脑得到暂时的休憩。比如看书时间长了，那我们可以听听音乐，做一会儿运动，喝一杯咖啡，或者去公园散散步……采取的方法可以因人而异，最重要的是让我们紧绷的神经暂时松弛下来，好好休息，接下来才能更好地继续学习和工作。

劳逸结合，也是一种享受人生的态度。人生短短数十年，努力工作的最终目的是幸福的生活。但是，人如果只考虑物质生活，只追求丰厚的物质，而不寻求精神上的满足，那么人生就不够丰满。精神上的满足好比一个人内心储存的阳光，劳逸结合就是补充内心阳光的有效办法。每个人都可以选择最能够让他放松的、最喜欢的方式。比如说，柯南·道尔在他的行医生活之外，喜欢写侦探小说，因为写侦探小说对于他来说就是一种放松和娱乐的方式，能够让他得到休息；王维选择半官半隐，是因为官场太累了，他需要在大自然中寻找让内心放松的机会，于是他寄情于山水，去享受山水和大自然的魅力，放松的同时也是在为自己充电。

劳逸结合，最重要的就是把握“劳”与“逸”之间的度。过“劳”，在疲惫不堪的持续工作状态下，效率会随之降低；过“逸”，长期过于放松，也是对生命的一种浪费。因此，我们讲“劳逸结合”，是在这两者之间找到各自合适的度，让它们获得一种平衡，这就需要个人对自己的工作和自己的状态有一个清醒的认识。劳逸结合就好比调酒一样，要每一样酒的量都合适，这杯酒调出来味道才会刚刚好。不过“劳”，不过“逸”，才是真正享受人生。

放下身段，以谦卑之心处世

什么叫“身段”呢？这里指的是，人们的一种自我认同，也是一种自我限制。举个例子，人们因为有了这种自我认同，就会清楚自己该做什么，不该做什么，比如说产生“我可是好孩子，不能去酒吧”这样的想法。从上面的例子也可以看出，因为有了自我认同，随之就会有自我限制，而自我认同感越强的人，自我限制程度也越高。所以，我们在生活中不难发现，领导一般情况下不会和下属大闹，博士生通常不愿意去干初级员工的活儿……这是因为，他们有自己的“身段”。

然而，这种“身段”意识过强也会让一个人心浮气躁，看不到别人的好，也看不到自身不足。这种“身段”意识过强的人，会让自己的人生道路越走越窄，甚至最后无路可走。因为你不愿意与他人为伍的同时，人们也不愿意与自视甚高的你为伍，渐渐地，你就会脱离群体。

因此，如果你想在社会上立足，想要有更广的人际圈子，那么就要懂得放下身段，用谦卑之心去赶走心中的急躁，学会更好地待人接物，这样才能受到别人的尊重和欢迎，并获得他人的认同和称赞。每个人生来平等，我们也没有必要因为自己某一方面能力比较强，而表现出鹤立鸡群、高高在上的姿态。

唐代的慧忠禅师因为佛法高深，人们纷纷前往寺庙，去向他讨教佛法。

有一回，唐肃宗问他："大师在曹溪那里获得了什么法呢？能否告诉我如何才能掌握自己的身心？"

慧忠禅师回答："陛下抬头看看，还能看见天空中的那朵云吗？"唐肃宗说："看得见。"慧忠又问："那陛下现在明白了吗？"唐肃宗没有领悟慧忠禅师的话，摇了摇头。

慧忠继续问他："那云是钉在天空中，还是挂在天空中呢？"

唐肃宗这下更不明白了，觉得慧忠是在卖关子，故意不直接明说。这时候唐肃宗已经非常急躁了，于是不耐烦地反问："你问这个问题和掌握自己的身心有什么关系吗？"

慧忠听了，没有接他的话，只是说："那您把净瓶拿过来吧。"

唐肃宗看到慧忠对他如此不敬，不仅没有回答他的问题，还大胆地差遣他去拿净瓶，他开始暴躁。唐肃宗一动不动，并且表示出还想继续再往下问的意图。不曾想到，慧忠禅师不但没理他，甚至连看都没看他一眼。

唐肃宗彻底被激怒了，破口大骂：“你以为你是谁，朕乃堂堂大唐天子，问你话居然眼睛都不抬一下，你就不怕自己人头落地吗？”

看到唐肃宗如此生气，慧忠也没有丝毫害怕，而且继续说：“我再问您一次，您看得到天上的那片云吗？”

唐肃宗不耐烦地说：“看见了，看见了，那又怎么样？”

慧忠又问道：“那么请问陛下，它曾看您一眼吗？”

高高在上的大唐天子唐肃宗，自认为自己身份高贵，必须要获得包括禅师在内的天下人的敬重，然而结果却恰好相反。众生平等，人没有高低贵贱之分，如果总要给自己贴上高贵的标签，那么最后，只会是自寻烦恼。

在我们的现实生活中，不少人会自以为高人一等，处处表现出优越感，而一旦得不到尊重，他们就会感到非常生气。这些有“身段”、有架子的人，经常会故意说一些别人听不懂的话，只以为自己能力强，殊不知有时候自己可能只是别人的笑柄而已。

别无选择时，可以选择态度

电子商务的迅猛发展，使得许多实体企业经营困难，老王所在的工厂也没有例外。为了走出困境，老王工厂的领导们已经开始调整工厂的产业结构和管理模式，与此同时，很多大龄的员工因此下了岗，其中就包括老王。

人到中年，上有老下有小，可以说老王背负着很大的压力。突然接到解雇通知，仿佛晴天霹雳一般，让老王和同事们瞬间难以接受。可这就是现实的残酷，他们没有任何选择的余地。

面对这种打击，很多人难以面对，选择带着一家老小到厂里去和领导理论，不屈不挠；也有人选择去街上抗议，去政府声讨。那段时间，下岗员工把工厂和家里都闹得鸡飞狗跳，不得安宁。

有些人因为下岗而郁郁寡欢，终日发愁。老王的一个同事就是如此。同事的老母亲生病住院，需要钱，儿子正在上大学，也需要钱。偏偏此时，自己下岗了，没有了收入来源，这下一筹莫展。这个同事平日里老实寡言，下岗后整天借酒消愁，一言不发，后来高血压犯了，把自己的身体给“愁”坏了。

有些人倒是接受了这个现实，中年就开始过上了退休的日子。每天依旧“上班下班”，不过现在的上班地点变成了麻将馆，也就是每天去打牌，浑浑噩噩过日子。还有的人下岗以后在家无所事事，整天除了买菜做饭就是看电视。

那么，老王自己呢？他没有因为下岗去闹，也没有意志消沉虚度光阴。他经常和身边的人说：“人生难免起起落落，会遇到各种困难，关键是看我们自己如何去应对。”他觉得自己年纪不算大，身体还算可以，精气神也不错，索性叫上自己的老伴，一起到附近的学校门口卖起了早餐，豆浆、油条、鸡蛋、包子等，都是自己家里制作的食物，不仅用料卫生，而且价格公道，学生们非常喜欢。但是卖早餐终究比较辛苦，有时候天还没亮就得起床准备食材，尤其到了冬天，天气很冷，老王的手和耳朵都冻僵了。

街道对下岗职工采取了一定的帮扶措施，于是老王又在附近学校门口开了一个修车档口。每天早上，他早起卖早餐；早餐结束之后，他就把自己的修车摊子给摆上，为学生们修理自行车。尽管这种小买卖赚不到什么钱，但是老王却享受这种忙碌而又充实的生活。特别是遇到下雨天，很多修车师傅都不出摊了，可下雨天偏偏又是车子最容易坏的时候，于是老王越是遇到天气不好的时候，越是要出摊，他觉得哪怕多帮助一个人，都特别有价值有意义。因为老王为人踏实善良，平时天气好的时候，附近很多退休的大爷大妈，都会凑到老王的摊子边上，和他下棋谈天，一个修车摊子又成了一个聚会地点，老王的生活有了不一样的精彩。

能不能赚到钱，能赚到多少钱，对于老王来说，都不是很重要。重要的是，他从现在的生活里，感受到了满足和快乐。他说，自己真的很享受现在的生活。

老王的这段经历让我想起了另一个故事。三个人一起盖一栋房子，有人过来问他们在做什么。其中一个人皱着眉头说："你看不到我们在干什么吗，这种活又脏又累。"第二个人表情平静地说："我们在盖房子，这个工作的确很不轻松，但是我希望自己以后可以成为一名工程师，这样就不用再干这种活儿了。"第三个人开心又自豪地说："你知道吗，我们正在建造这座城市里未来最有特点的建筑！我双手建造的将是许多人的梦想，当然了，这也是我的梦想！"过了十年，第一个人还在当工人盖房子，第二个人已经成为工程师，而第三个人，则成了前面那两个人的老板。

这个故事告诉我们什么呢？不一样的人生态度，很可能带来不一样的人生。

其实，每个人得到的机会都是差不多的，不一样的更多的是我们的心态。在面对下岗的打击时，有的人怨天尤人，有的人一筹莫展，有的人意志消沉，有的人像故事中的老王一样，把挫折看作生活中的机会，以一种豁达乐观的态度去面对人生，用自己的善良和热情去面对生活。这样的人，生活自然也不会亏待他。

以豁达之心看世间风云

小王和小李是一家公司里业务能力最强、最被领导器重的两名员工，不过两个人的个性却大不相同。

小王性格较为内向，为人低调寡言。他喜欢独处，平日里和同事领导的交流并不多，但是他的业务水平很高，也有着极强的大局观，观察能力和分析能力很到位，经小王编写的业务分析报告，对于公司的经营发展，常常具有非常高的指导意义。因此，在经营中如果遇到什么情况，领导大都会向小王请教。

小李性格比较外向，喜欢和同事打交道。他有许多兴趣爱好，在公司举办的年会活动中，他不仅可以担任主持，还会参加好几个节目的表演。小李口才一流，为人八面玲珑，公司很多公关和交际活动都会叫小李去负责，许多重要的客户也是小李去负责维护。

根据公司的规划和发展需要，领导打算从小王和小李中提拔一名当公司副总。经过领导班子的商议，将人选确定为小王。小李听说了这件事之后，非常不满意，在他眼中，小王不过就是一个呆板的工作狂，哪里适合当公司的副总？

于是，在接下来的全体员工大会上，小李当着所有人的面直接指出了小王的缺点：“小王尽管业务能力很强，但是他非常不善于处理人际关系。公司的副总人选，除了工作能力以外，最重要的是能够带领全公司的员工一起努力，保证公司在运营的过程中不出问题。在这个方面，我认为小王的能力不够。”

小李的话让在场的所有人都觉得很尴尬，但在他自己看来，为了自己和公司的前途，尽管这么说有些冒昧，但也应该。还好当时有经验丰富的领导圆了场，会议方能顺利进行。对于小李的批评，小王并没有回击，也没有表现出不悦，整个过程非常淡定，甚至是微笑应对。事后，小李写了一封长长的公开信，内容还是指出小王的工作能力不足以胜任公司副总的职位。这件事，让很多本来和小李关系不错的同事也心生反感。

更让大家想不到的是，小王居然也主动找了领导，跟领导坦言，小李指出的自己身上存在的问题确实中肯，自己的能力可能还无法胜任副总的职位，请求领导暂时不要考虑提拔他。

这个风波过去了之后，大家发现，小王的工作热情丝毫没有受到影响，并且开始主动和同事打交道，积极沟通，整个人也开朗了许多。并且，他积极参加了公司举办的运动会，尽管成绩不佳，但是让大家非常意外。

小王的改变让很多人都觉得欣慰，但是小李除外。

这时候，恰逢公司的销售总监离职，公司准备提拔一人担任销售总监。小王向领导举荐了小李："我认为，最适合这个岗位的，莫过于小李了，他生性活跃，又有开拓创新的精神，对公司的经营情况也非常了解，这个岗位他一定可以胜任。"小王的一番话，让大家为他鼓起掌来。与此同时，小李却羞愧地低下了头。

人生充满了各种各样的不如意，生活也充满了各种各样的磕磕碰碰和不愉快。如果我们把重心都放在那些烦心事上，那么晦暗就会充斥我们的内心，致使我们无法冷静下来进行自我审视和反省，最终只会导致失败。要怀有一颗豁达的心，才能把那些琐琐碎碎的烦心事放在一边，抛弃那些不必要的困扰和烦恼，把更多的时间和精力放在值得的事情上，才能让人生更有意义。

以牙还牙，不会让你轻松快乐

在爱尔兰，有一位名叫纳斯的年轻人曾经上过美国成功学大师卡耐基的课程。纳斯受教育的程度较低，却很爱与人抬杠。他供职于一家汽车销售店，负责销售卡车，但是入职以来业绩一直非常差，于是就去请教卡耐基。问了几个简单的问题后，卡耐基发现他很喜欢与客户争辩。例如，当客户挑剔他的车子时，他会立刻火冒三丈与其争辩不休。纳斯说，很多时候他确实辩赢了客户，但也吓跑了客户。他后来对卡耐基说，走出客户办公室的时候他总对自己说，终于赢了一回。可是这又有什么用呢，他什么都没卖出去。

卡耐基明白了纳斯的问题出在哪里，解决方案就是要训练纳斯提高自制力，减少与人争辩和抬杠。后来，纳斯竟成了他们哈利汽车公司的明星推销员。想知道他是怎么做到的吗？纳斯是这么说的。

“当我走进一个目标客户的办公室，而对方对于我们家的汽车表示否定时说：‘什么？哈利公司的车？送我我都不要，我只要韦德公司的车！’我就会冷静地对他说：‘先生，韦德公司的车确实不错。’这时对方立马就无话可说了，双方没有机会产生争辩和抬杠，因为他总不可能在我对他的话表示肯定之后，再唠唠叨叨了吧。换作以前，我一定首先否定他的话，甚至与他争个面红耳赤，这样一来或许我辩赢了，可是最后却没有机会介绍自己的产品。而这样一来，我们避免了抬杠，我就有推荐自家车子的时间了。”事实证明，纳斯的这个方法确实非常有效。

当你被误解的时候，你会做些什么呢？对于这个问题，不是每个人的做法都相同。有些人会觉得，被人误解是正常的，因为不是所有人都了解自己，没必要与之争辩；但是有些人则会非常愤怒，铆足了劲儿去与别人争辩，最终的结果只会是不欢而散。每个人都要清楚一点，不管是误解他人还是被他人误解，只要是误解，于己于人都是一种难堪和痛苦。

人与人之间的相处充满了各种各样的矛盾和摩擦，如果我们总是以一种“以牙还牙”的态度去对待别人的误解，那么自己的生活也不会轻松快乐。要知道，人生涉及方方面面的事情，任何一件小事，任何一个细节，都可能会造成人与人之间的误解，而对之前的良好关系产生破坏。

在现实生活中，可能会出现这样一种情况，那就是当误解产生后，两位当事人谁也不愿意将事情面对面地解释清楚。相反，更多的是在背后议论，以至于误解越来越深，最终导致关系破裂，再无扭转的余地。

误解带来的负面影响有时候是比较严重的，它会给人带来痛苦和烦恼，因此，我们不能忽视它，而是要想办法去解除它。

如果找到了产生误解的原因，那么这一类误解还是比较好解决的，只需要把事实与对方说清楚，误解便会烟消云散。但如果是对方恶意的攻击或中伤，那么则不该忍让和怯懦。而对于成见或偏见导致的误解，我们大可不必理会，一笑置之。能解除误解固然好，但是如果努力了依旧无法改变，那么不妨让它随风而去吧。

当被人误解时，最重要的就是保持冷静，不急不躁，避免和对方产生言语甚至是肢体的冲突。大可冷静下来想一想，为什么会产生这样的误解，想清楚后，可以与朋友敞开胸怀谈一谈，如果是工作上的事情，就找机会与他人解释清楚。

在人际交往的过程中，常常会因为偏见导致对他人的伤害。如果被伤害的那一方一直耿耿于怀，那么这段关系就得不到修复。而如果心胸宽广一些，把事情看得淡一些，那么反而会使怀有偏见的那一方为之叹服。有时候，人的气度可以产生很大的影响，遇到他人的误解，不妨先冷静下来，不去计较和争辩，等事情淡化再进行沟通。

不原谅别人就无法解脱自己

前半生的时间里，素素打从心底恨自己的父亲。在她眼中，这种恨是正义的，也是有道理的。

素素小时候，在母亲怀着弟弟时，父亲和另一个女人产生了感情。事情被发现之后，父亲没有向妻子女儿道歉，反而取走了家里的所有存款。直到素素的弟弟出生之后，父亲才回来。原来那个女人骗走了他所有的钱，他一无所有，只好硬着头皮回家了。母亲顾念旧情，原谅了他，但是素素却不愿意原谅这个伤害了自己妻子儿女的男人。因此，每一次当她看到自己的父亲时，小时候那段痛苦的经历便会浮现，尽管父亲和她说话时已经低声下气了，素素依旧不肯原谅他。

素素对父亲的痛恨，影响了她自己的生活和感情。她因此无法敞开自己的心扉去爱上任何人，并且无法完全相信他人。面对男人的时候，她脑海中总会浮现出当年父亲背叛母亲时的场景，便会想：他会不会和父亲一样，以后也背叛我？这样的想法在她脑海里挥之不去，充斥着整个生活。

母亲发现了素素的异常，并且耐心地劝她原谅父亲的过错，毕竟过去的事情已经过去了，而且父亲用了几十年时间在尽力弥补。可是，素素还是拒绝了母亲的劝说："你太没出息了，想想他那会儿怎么对我们吧，反正我是不可能原谅他！"

无法宽恕他人，最大的危险就在于，用过去的痛苦反复折磨自己的身心。人非圣贤，孰能无过，无法原谅他人的过错，怀恨在心，这样的恨在心底里发酵，最终只会伤害到自己的身体和心灵。

英国著名心理学家凯勒·西奥曾经说过："如何去原谅别人，其实是每个人都应该学习的一种能力，我们不能把原谅当作一种义务或责任。因为它是另一种与爱相似的体验，不应被要求，而应该在被感召之后，自发地习得。"

原谅和宽恕他人，能够帮助我们走出内心的浮躁，让心灵走向纯净和自由。不能否定的是，它是让我们从愤怒和痛苦之中释怀，走向爱与幸福的有效方法。在很多事情上，如果我们无法原谅别人的过错，那么我们就无法体会生活的喜悦和轻松，只会陷入无穷无尽的痛苦之中。

特别是当我们想到自己曾经受过最爱或最亲近的人的伤害时，或许痛苦瞬间会充斥我们的大脑和心灵，造成严重的情绪伤害。但从另一个角度来看，为了我们自己的身体健康，最好的方法就是放下过去的怨恨。

要明白的一点是，所有“坚决无法原谅他人”的想法，对人生是没有丝毫好处的，反而会让痛苦无法释放，最终让自己心处炼狱。

反躬自省，实现自我完善

一个人最大的力量，来自于他的内心。生活中会遇到很多困难和挫折，如果经常能够反躬自省，坦然接受批评，虚心检讨自己，不要只寻找客观原因，那么就会很容易发现问题的本质，让事情快速解决。

懂得反省，就能发掘出内心最强大的力量，各行各业，有成就的人莫不如此。松下幸之助是日本著名跨国公司“松下电器”的创始人，被人称为“经营之神”，他用一句话概括自己的经营哲学：“首先要细心倾听他人的意见”。一次，一位下属因经验欠缺而使一笔贷款难以收回，松下幸之助勃然大怒，在大会上狠狠地批评了这位下属。

事后，仔细一想，松下为自己的过激行为深感不安。因为那笔贷款发放单上自己也签了字，下属只是没有弄清楚情况而已。自己也应该负有一定的责任，不应该这么严厉地批评下属。想通之后，他马上打电话给那位下属，诚恳地道歉。恰巧那天下属乔迁新居，松下幸之助得知后便立即登门祝贺，还亲自为下属搬家具，忙得满头大汗。这让这位下属感动得热泪盈眶，从此更加卖力地工作。

每个人在生活中都会遇到一些烦恼，而这些烦恼的根源在自己的内心。经常有人会抱怨：“我从不主动去招惹别人，却经常有人欺负我，这是怎么回事呢？”这个时候，就应该静下心来，检查自己的内心。都是别人的问题吗？真是别人在欺侮我，而不是我想多了吗？只有这样的反思，才能够圆融处世，与其他人搞好关系。

然而，却很少有人能够反躬自省，很少有人可以心平气和地去接受批评。就好像良药苦口一般，再好的药终究是难喝难闻的，要马上漱口或是在嘴里含一颗糖，才能去除口中的苦味，可是，这苦口的药是治病救人的呀。

人在遭遇他人批评的时候，心中是很难畅快的，出现抵触和不甘心不服气，甚至有些人会难以抑制自己的情绪，被人批评了两句，就忍不住和对方大吼大叫。

遭受批评未必是坏事儿，或许它可以让你留意到原先自己没有注意的事情，找到一个机会改正自己的错误和缺点。所以，我们要懂得正确面对批评，管理好自己的情绪。

那些因为受到批评就不高兴，因为受到批评就想要逃避的做法，都是不正确的。对于一些善意的批评，我们应该端正自己的态度，管理好自己的情绪，学会坦然地去接受它，而不是把批评看成是让自己丢面子的事情。如果我们意识到批评的益处，便不再会惧怕它，更不会因此觉得难堪，反而会以此为契机，去修正自己的错误，让自己变得更加优秀。要明白，坦然地接受有益的批评是自我完善的重要一步。

Chapter 5

×

努力吧，永不放弃

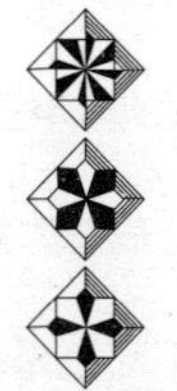

塞翁失马不用怕，把马再找回来

陈阿姨虽然已经年过半百了，但因为精气神儿特别足，平日里也保养得好，所以不认识的人都以为她才 40 出头。根据国家法律规定，陈阿姨到龄办理退休了。上了半辈子的班，每天早出晚归的，突然闲了下来，陈阿姨心里着实不适应。退休后的生活，每天无所事事，又没有出门的习惯，陈阿姨好像丢了魂似的，做什么都提不起劲儿来。有时候，她就坐在窗边看来来往往的人，一看就是一整天。退了休不到一个月，整个人的状态好像老了 10 岁似的，吃也吃不好，睡也睡不好。

陈阿姨女儿原本觉得母亲退休之后可以享享清福，不曾想过她退休后的状态变得这么差，于是只好建议她再去找份工作。一开始，陈阿姨不敢动这个心思，毕竟现在大学毕业生的就业压力都这么大了，自己一把年纪的，怎么可能找得到工作。后来，她试着上网看招聘信息，发现不少单位对工作经验丰富的退休干部还是很青睐的，于是她又重拾了信心。

在女儿的帮助下，陈阿姨试着投了几份简历。没过几天，就有一些单位的人事部门给陈阿姨打电话了，有街道办事处的，有酒店的，还有一些企业。陈阿姨积极地去参加了几场面试，最后选择了一家劳务输出公司。公司的领导对陈阿姨的工作经历非常满意，希望陈阿姨可以尽快上班。

一方面，陈阿姨做了半辈子的人事工作，所以在处理人际关系和与客户打交道方面，都是经验老到的；另一方面，陈阿姨从前在机关工作时积累了不少人脉，这对于她在新的单位开展工作也是有一定帮助的。所以，公司里的同事不管遇到什么事，都喜欢找陈阿姨帮忙，因为她的热心和平易近人，陈阿姨一下子就成了公司里最受欢迎的。她待人亲和有礼，从不会倚老卖老，工作能力又强，年轻人都不禁感叹，像陈阿姨这样的工作能力和工作态度，真的不是他们一朝一夕就能学会的。

如今的陈阿姨，每天穿着笔挺的职业装到办公楼去上班，早出晚归，生活比以前更加充实和丰富了。谁也不曾想到，年过半百的她居然在退了休之后做了一名白领。其实，在我们漫长的人生旅途中，难免会因为各种各样的原因失去了一些原本我们视若珍宝的东西，或是感情，或是事业，或是钱财，但如果我们无法改变这种失去，不妨就像陈阿姨一样，换一个角度去尝试。

钱财没了，至少我们还有健康的身体；感情没了，至少我们还拥有爱的能力；事业没了，至少我们还有认真的工作态度和宝贵的工作经历。

失去并非意味着失败，同样道理，得到也不一定就意味着成功。成功的人会明白一个道理，就是在挫折和失败中找回自己的价值，凭借自己的努力和信念继续前行；而失败的人则相反，会沉浸在失败或失去中无法自拔。

一个坠下悬崖的人在危急时抓住了救命的藤索，为了减轻负重，必须把自己身上的所有东西都扔下去，其中包括钱包、金项链、钻石戒指等。毕竟只要生命还在，失去的一切东西依然可以找回来。因此，不必因为失去而感到绝望，有些时候，失去是为了明天拥有得更多。

所谓“塞翁失马，焉知非福”，马已经失去了，可以做的就是把它找回来，假如无法找回来，就再想别的办法，重新上路。丢了马，难不成困死在原地吗？因此，不管我们通过什么样的方式，只要重拾信心，重新出发，我们一定可以看到不一样的风景。

充满正能量，激发自身潜能

对于人类的思考方式，19 世纪伟大的哲学家叔本华曾这样总结：“影响人的因素绝不是事物本身，而是对事物的看法。”意思是说，当我们遇到问题时，如果采取的是一种积极的态度，就会产生积极有价值的行为；而如果我们采取的是消极的态度，就会让人充满负能量，处于不停的抱怨当中。

试想一下，假如现在领导给你布置一个任务，时间紧，任务重，非常具有挑战性。拥有乐观、积极等正面心态的人会想：“时间已经不多了，没有时间去抱怨。我必须尽自己最大努力，全力以赴，想尽一切办法，调动一切资源，力求圆满地完成任务。”而拥有消极、悲观等负面心态的人会想：“为什么这么短的时间要给这么重的任务，简直就是天方夜谭。就这么点时间，就算再加班加点也根本完不成，还不如提前告知领导，完成这项工作的不可能性……”先不管之后的结果怎么样，如果你是公司领导者，你会喜欢哪一类下属呢？

性格与人的心理模式息息相关。乐观的人会经常给自己积极的暗示；悲观的人会经常给自己消极的暗示。

积极心理学之父马丁·塞利格曼教授总结出了一套“ABCDE理论”，以帮助人们锻炼正面思考的能力。这个理论显示，现代社会中，人们在种种压力之下会产生各种负面的情绪。我们通过学习这个理论，可强化思维能力，完善认知系统，达到思维的最优化，让自己产生积极心态，去应付生活中的各种问题。

“ABCDE理论”就是一种让人的思维从消极情绪转向积极情绪的方法，它包含以下五个阶段：

A：人在面对不愉快的事情时，会有挫败感，感到无能为力，开始自我怀疑，抱怨自己能力不够，很自然地产生消极情绪。

B：当产生消极情绪时，自我认知感会下降，对于生活中的问题或者与别人发生冲突时，会推卸责任，甚至抱怨他人。

C：生活中有个很奇怪的现象，那就是“福无双至，祸不单行”。一般情况下发生了不好的事情，往往会再发生一连串甚至更坏的事，这时内心的负面因素会不断累积，情绪会变得更加糟糕，消极情绪会达到一个临界点。

D：达到临界点，要么一蹶不振，彻底被消极情绪打倒。要么痛定思痛，决心改变现状，开始对自己进行积极暗示，用积极情绪取代消极情绪，以控制问题的恶化，并积极去解决问题。

E：当决心改变，开始正面面对之时，便不断给自己正面激励，产生正面思考，最终在积极情绪的引导之下解决问题。

接下来，就是不断循环的过程，如果将这一理论运用到工作生活、做人做事的各方面，会产生非常巨大的积极影响。

情绪“ABCDE”理论经常被用来解释生活中所发生的事情。其实，所有你感受到的一些东西，你对某些事情的反应，都与你的思维方式有关。从某种意义上来说，你的思维方式，就是你个人命运的指南针。

某公司总经理有一次在开会的时候，制订了新一年的销售任务，要求要比上一年增长两倍。当时的与会人员中，有一个人当场指出这个计划过于艰巨，并且有很多荒谬之处。总经理没听他说完，很直接地告诉他：“当任务下达时，我希望首先站出来的是能够分析如何完成任务、如何挑战不可能的人，而不是上来就说这项任务不可能完成的人。”据说，从那以后，公司管理层再也看不到这个人了。

乐观的心态对一个人非常重要，一个人要想控制自己的命运，除了要对自己的欲望进行取舍外，保持积极的、正能量的心态也是很有意义的。

我们都应该学会并运用“ABCDE 理论”，让自己时刻保持积极的心态，不推脱、不抱怨，调动一切可以利用的资源去实现自己的目标。每个人都有自己想象不到的潜能，只要用心，进行有效的整合，并辅以正确积极的心态，就会迸发出巨大的力量。

保持乐观的态度，办法总比困难多

老王已经年过半百了，他曾经任职于市委和各个机关，因此不少公务员都与老王打过交道。老王为人大公无私，正直不阿，从不用阿谀奉承这一套功夫，因此尽管到了这个年纪，还只是市水务局的一名平凡的科级干部。

后来，国家出台了有关政策，各个机构进行改革，削减了一部分人员，老王被调出了水务局，去了一家国有企业，领了一个有名无实的职位。眼看这事业已经不会有任何起色了，有些和老王一样遭遇的人郁郁不得志，有些甚至生了重病，唯独老王，跟个没事人似的，依然开开心心地上班下班。

原因就在于，尽管在新的单位中，老王已经不能施展自己的政治才能了，但是这个新的岗位却让他有了更多时间可以去做自己想做的事。在机关任职的时候，老王可是单位出了名的“笔杆子”，他一直热爱读书写作，拥有深厚的文学功底。

于是，老王索性利用起了业余时间，出版了小说和诗集。在他看来，名利并不是最重要的，能够发展自己的兴趣爱好，有时间做自己想做的事，才是最重要的。后来，他参加了市作协举办的各种征文大赛，获得了不错的成绩。他还常常参加各种聚会，以文会友，结识了不少作家朋友，大家经常聚在一起谈谈文学，聊聊人生，好不惬意。很多人想不明白，事业如此受挫，老王没有去找领导理论，反倒天天折腾这些“无聊”的事儿，实在是让人摸不着头脑。

老王的写作风格与众不同，他不同于社会上的那些愤青，文字里常常透露着一种正能量，鼓励人们要乐观积极地面对生活，在遇到困难时不屈不挠，也鼓励人们要为社会和国家多作贡献。老王的文章经常被报刊采用，引起了社会上很多人的关注，不少“粉丝”亲切地称之为“温暖作家”。

后来，市委宣传部的同志联系了老王，对他说：“我们在报刊上拜读了您的作品，文采飞扬，连市长都拍手称赞，您不仅文笔了得，内容还很有教育价值，宣传部有关领导大力推荐，希望您可以考虑到宣传部来工作。”

老王谦虚地说：“感谢领导对我的赏识，但是宣传部的工作我确实不太了解。”

对方回答说：“您是市里的老同志了，拥有丰富的工作经历，这份工作您完全可以胜任的，请您不必推辞。根据工作需要，以后准备呀，让您来负责新闻出版管理办公室这方面的工作，这对于您来说一定是驾轻就熟的。”

谁也想不到，老李居然可以凭借自己乐观的生活态度，和别人眼中的“无聊”活儿，为自己争取了一个要职！这么看来，积极向上，确实可以让人生充满希望啊。

要想达到自己的目标，就必须要先克服自己内心的悲观；要想获得自己想要的生活，就必须先做自己的小太阳，用内心的光和热去温暖自己。曾经，有一位记者问依靠轮椅生活了三十年的“宇宙指望”——霍金，病魔是否让他失去了太多。霍金回答他：“虽然我只能在轮椅上生活，可是我的大脑还能思考，我的手指还能活动，我有理想，有爱我的亲人和朋友，另外，我还有一颗懂得感恩的心。”说到这里，记者会上掌声雷动，在场的每个人都对霍金的乐观积极感到由衷的钦佩和震撼。的确，真正的太阳，其实就在我们每个人的心中。

悲观会让我们慢慢地被黑暗吞噬，而乐观则会让我们走近阳光，体味更多的人生乐趣。

保持乐观，能让人更加懂得享受生活、珍惜生活，能让人用更好的状态、更饱满的热情投入到生活和工作中去。尽管大多数人的生活是平凡的，但如果我们拥有乐观的心态，就拥有了一双发现美的眼睛，即便遇到困难和挫折，也好像春天就在眼前，而我们就走在一条宽敞明亮的大道上。

不要让悲观充斥我们的生活，只有乐观，才能盛放希望之花，才能让你拥有一往无前的力量。在一个悲观的人眼中，道路的尽头是黑暗的；而在一个乐观的人看来，前路漫漫，但阳光和希望就在不远处。

因此，乐观的人善于发现美好、创造希望、把握人生。笑着面对生活吧，生活也一定会回报你一个灿烂的笑容。

遇事不可慌手慌脚，更不能慌心

李明大学毕业后，没有马上参加工作，而是选择了和舍友们一起创业，经营起了一家主打特色早餐的快餐店。大学生向往新鲜事物，也善于开拓创新，而且几个年轻人共同合作、兢兢业业、吃苦耐劳，没过几年时间，快餐店已经营得有声有色。

这家快餐店的鸡肉汉堡特别受欢迎，因为口味颇具特色。这源于李明一位舍友的家人经营着鸡肉主题餐厅，给了他们很多帮助和指导。他们的鸡肉汉堡销量非常高，很多订单都自动找上门，不少中小学还主动联系他们为学校配送早餐。

这一切都非常顺利，顺利到让他们在经营的过程中放松了警惕。有一回，他们收到了好多个学生家长的投诉，称学生早上吃了他们家的鸡肉汉堡，造成了严重的腹泻情况。家长们把这个问题反映到了工商和食品质量监督部门，这个情况迅速得到了政府有关部门的高度重视。

消息不胫而走，李明和他的几个伙伴都着急坏了，在办公室里非常紧张。

其中一个伙伴担心地说：“食品质量问题可不是小事情，搞不好呀，咱们得因此而关门大吉了。”

另一个伙伴问：“是不是制作汉堡的过程中出问题了呀？”

“不可能呀！”负责制作的伙伴听了这样的质疑突然着急起来，他解释道，“汉堡制作的程序一直都没有改变过，而且每个汉堡都是我亲自盯着做的，怎么会有问题？！”

“那是不是鸡肉的材料有问题？难道是鸡肉质量不好？”

负责采购的人皱了皱眉头，说：“以前供应商的鸡肉质量确实比较好，现在的供应商，我就不敢保证了。”

大家感到非常不解：“这是为什么？”

他说：“因为管财务的缩减了我的采购预算，我只能去市场寻找更便宜的供货商了，这可不能怪我呀。”

管财务的听了这话，非常生气地说：“缩减开支是我们共同商讨的结果，并没有让你更换供货商的意思，只是希望你可以在以前的基础上跟对方压一压价格，你可不能把责任往我身上推啊。”

整个办公室闹哄哄的，大家都在互相埋怨和推诿，吵得面红耳赤，只有李明一个人一言不发。

“大家都安静一下吧，听我说几句。”李明终于开口了，“其实，现在问题的关键不是我们当中的谁来负这个责任，而是我们要共同承担这个责任，找出解决的方法，让我们一起渡过这个难关。”

几个人听了李明的话，终于安静了下来。

李明接着说：“我有几个建议。第一，我们要找出事情的原因，我建议立刻拿鸡肉去做检验；第二，我们要主动联系学生家长，承诺支付学生的医药费，并且会给予一定的赔偿；第三，等鸡肉的化验结果出来后，我们要立刻形成报告，向政府有关部门主动汇报情况；第四，我们之前开分店的计划可能要搁置了，资金先挪去投资搭建一个养鸡场，为客户提供质量高、营养丰富的鸡肉；第五，我们主动联系媒体，将整个事件调查的结果、我们的处理方式向社会各界公布，希望可以挽回我们受损的声誉。总之，我觉得我们要积极主动地去面对，才能更好地解决这个问题。”

李明的一席话，似乎让大家恢复了信心，紧接着，大家分工合作，各自按照李明的建议去忙活了起来，之前紧张慌乱的神情都消失了。后来，正如李明预料的一般，尽管快餐店因为这件事受到了一些经济上的损失，但是声誉并没有受到很大影响。他们搭建起了养鸡场，一体化的经营模式让快餐店品牌更加深入人心。谁也未曾想到，这样一个意外，反倒让李明的快餐店经营得更加规范了。毫不夸张地说，是李明的冷静和沉着，让快餐店重生。

在遇到意外或是困难时，不管是个人还是集体，急躁不安都容易手忙脚乱，最后只会让情况变得更糟糕。只有保持头脑清醒，沉着冷静，才能够在慌乱中想出办法去解决问题。伟大领袖毛主席在《水调歌头·游泳》中这样写道："不管风吹浪打，胜似闲庭信步。"意思就是说，不管人生道路上遇到多少风雨得失，总能淡然自若，好似在自己家门口悠闲地漫步。这的确是多少人都无法企及的广阔胸怀呀！

二万五千里长征途中，遇到多少艰难险阻，都在毛主席冷静沉着、灵活机智的领导和指挥下克服了。红军不仅成功摆脱了敌人的围剿，而且还阻挡了敌人试图围攻红军于川、黔、滇边境的计划，这就是历史上著名的"四渡赤水"战役。毛主席当年在西柏坡的时候，耳边总是传来敌人战机轰炸的声音，所有人都感到慌乱不安，只有毛主席不顾窗外的战火声，依然惬意地坐在书桌前读书。而正是他的这份冷静沉着，指挥人民解放军战胜了敌人，打赢了关键的三大战役，解放了全中国。

在面对困难的时候，能否保持一份沉着冷静，几乎是成败胜负的关键。

我国乒乓球名将邓亚萍曾经说过：“其实大家都是技术过硬的选手，我并没有比他们强，只是在比赛的时候我总能保持冷静，即便落后了依然不会慌乱。”这么看来，胜负关键其实在于心态，能够树立必胜的信心，保持沉着冷静，才能帮助我们克服困难，勇往直前。

当我们和其他人一起陷入困境时，很容易被他人消极悲观的情绪所传染，导致我们也陷进低落的情绪中。所以，越是在大家悲观消极的时候，越是要保持头脑的清醒，保持客观冷静的态度；越是在大家互相抱怨的时候，就越不能乱了阵脚，冲动行事；越是在大家手足无措的时候，越要思考谋划，突出重围。

你的沉着和冷静，或许就是帮助大家解决问题的关键！

加入地域交流群
和同地区书友
共享慢思考
» 入群指南见勒口

加入读者交流群
听音频学会在
快进的时代慢思考
» 入群指南见勒口

不要过往，不要来世，我们要活在当下

大学毕业之后，这群生物医药科学专业毕业的大学生们，都有了不错的就业选择。有的同学选择了医院，有的同学选择去制药公司担任医药工程师，这都是些让人羡慕且待遇较高的工作。只有王阳，选择了留在学校继续读博士，做着枯燥无味的科研工作，每个月只拿那么一点微薄的薪水。大家都说现在搞科研很没劲，不过王阳倒不这么想，他每天都笑着面对自己的研究和工作。

大学毕业若干年，大家又重聚在了校友会上。同学们多年没见，大家都有着聊不完的话题，纷纷谈起了这些年的经历。

同学小花说："你们都以为做医生收入高又体面，其实你们不知道，做医生都是拿死工资的，特别是我们搞医药研究的，每个月被科研任务压得喘不过气，只拿那么一点点钱，领导还每天施压，真的是太痛苦了。在医院工作前途又渺茫，你看我吧，我的目标可是想当院长的，可是这么多年了，连个升职的机会都没有，研究室都走不出去，你们说我的理想什么时候才能实现啊，真的一点希望都看不到。”

小花说完了之后，大家对她一番安慰，一番鼓励。这时候，小明也坐不住了，抱怨道：“小花，我看你就知足吧，你尽管工资不算高，但工作也算稳定吧，你看我，每天早上 8 点就得到公司，一忙就是一整天，通常要到晚上 9 点才能下班，这样的生活我都过了好几年，根本没有休息的时间。我现在年薪是还可以，可是我是有钱没时间花呀。等多赚几年钱，我得自己去开家公司，再也不受这种罪了。”

大家都觉得小明拥有远大的理想目标，即使如今吃点苦头受点累也是值得。这时，另一个同学王毅却摇了摇头，叹了口气说：“你们说，咱们之前是不是都选错专业了呀，我以前有个同学学的是会计专业，毕业之后就去一家大型企业当了会计，现在都已经是财务总监了，待遇高，工作还舒坦。要是时间能倒退，我一定不会再选择这个专业，就业困难，还这么辛苦。”

王毅的话似乎让大家都深有同感，这时以前的班花胡晓曼开口了：“你们都还算不错了，至少学有所用，我读了那么多年书，到头来结婚生子了，把工作给辞了，以为可以当个幸福的主妇，谁知道最后还是离了婚。如今我这个年纪了，想要再嫁都嫁不出去了，更别说找个好工作了。

下辈子啊，我才不要当女人。”

在场的所有人都在深深感慨，只有王阳一个人安安静静地坐在那里，始终面带着微笑，于是大家都问王阳以后有什么打算。王阳也说了说自己的想法。

“其实，除了咱们班的友谊，我是很少回忆过去的，对未来也没有什么特别的想法，我只想把目前的工作做好，把目前的课题研究好，不要辜负领导和同事对我的期望。不管过去发生过什么，未来又将发生什么，我们目前能够做的就是踏踏实实地走好当下的每一步，不是吗？”

王阳简单的一席话，让在场的同学们都很感触。人并非活在过去，也无法活在未来，既然只能活在当下，那么能够把握好的就是今天。如果每个人都深陷在过去的美好中，或者经常抱怨曾经的不幸，那么这一切都会堵塞我们的思维，影响我们的行动力，成为我们通往未来的绊脚石；如果每个人只一味地期待明天，对未来盲目抱有美好的幻想，却不懂得要从今天的点滴做起，那么幻想永远成不了现实。我们小时候经常读的《明日歌》里是这么说的：“明日复明日，明日何其多。我生待明日，万事成蹉跎。”不管你的愿望或想法多么强烈，都无法改变今天现实的生活。过去的已成为历史，不复重来；未来还未到来，每个人都无法预知。只有当下，只有今天，才是真正把握在我们手上的。

所以，人应该要活在当下。把过去发生过的当成自己身上的一笔可贵财富，把对未来的幻想化成生活的原动力，坚定自己的信心，鼓起劲，踏踏实实地，一步一个脚印地走下去。说起来，人生有个很巧妙的逻辑，那就是只要你把脚下的每一步都走好、走稳了，那么你的未来也不会太差。

珍惜当前的每一天吧，活在当下，从今天开始做起，我们才有可能去拥抱更美好的明天。

只羡慕不行动，就只能一辈子当穷人

由于能力有限，小华从技校毕业后，就一直没有找到合适的工作。因为小时候经常在学校附近泡网吧，跟网吧的老板有点交情，于是小华毕业后就索性去了网吧当管理员。管理员的薪水非常微薄，每个月的收入只有千把块钱，但是小华觉得，这样自己每天就可以在网吧里免费上网了，所以对这份工作还挺满意。

毕业一年后，小华在技校里的同学过来看望他，同学开着漂亮的小汽车到网吧门口去接小华。一问才知道，原来同学家境还可以，一毕业父母就给他买了车。他们一起出去吃了个饭，同学还带着小华到处去兜风。小华回到家以后，心里很不是滋味，同学居然有自己的小车了，小华难免心生嫉妒，不过他觉得：谁让我没那么好命，我要有个好爹，早过上好日子了。

过了一阵子，小华的表弟到家里来做客。表弟从小就是捣蛋鬼，又不爱读书，中学没读完就辍学了。但是，经过了社会这个“大熔炉”的磨炼，表弟仿佛脱胎换骨一般，不管是送快递，还是送牛奶，只要能挣钱的活儿，表弟都愿意去干。经过了一段时间的努力，表弟存到了一些钱，还做起自己的生意，之后就买了房子。小华听了，心里又不是滋味，他特别羡慕表弟的生活，心想：羡慕归羡慕，谁让我没能力啊，我要有能力，我也自己做生意。

有一回，小华跟平时一样在网吧上网，无意中看到了一则有关十大杰出医生的新闻，他仔细一看，居然发现了自己曾经的一位邻居。这位邻居学习成绩一直很优秀，本硕博连读，后来当了一名医生，如今还评上了省里的十大杰出医生。小华心想：真是厉害啊，一年估计收入好几十万吧，不过崇拜归崇拜，我连大学都没有上过，只能过现在这种生活了。

许多年过去了，小华依然在这个小小的网吧里当管理员，只能眼巴巴地羡慕或妒忌着别人的成就和财富。后来，网吧倒闭了，小华失业了。这个故事告诉我们，胸无大志，又只会一味羡慕他人的人，最终只会落得一无是处的下场。

苏联著名作家车尔尼雪夫斯基说过这样一句话：“人的活动如果没有理想的鼓舞，就会变得空虚而渺小。”一些年轻人特别喜欢舒适悠闲的生活，日子得过且过，就算是看到别人的成就和财富，心中也不会有一丝波澜，宁可选择平庸的生活还美其名曰“佛系”。没有远大的理想，没有明确的目标，没有干劲儿，更别提把自己的想法付诸行动了，惰性越来越强。还有一部分年轻人，每天怨天尤人，只会发牢骚，这种人一生也是难成大事。然而如果能够确定一个志向，并且愿意为之努力，那么就算最后无法达成，人生也是充实而有意义的。

卡耐基曾经说过：“立志是踏入事业大门的开始，勤于工作是登堂入室的旅程，这旅程的尽头就有成功在等待着你。”这句话告诉我们，立志是通往成功之路的前提，很多人的成功都源于其有一个远大的志向。古往今来，多少成功人士的故事在鼓舞着我们：苏东坡少年时期便立下了“发愤识遍天下字，立志读尽人间书”的远大志向，最终成为著名的文学家；茅以升从小就有造桥的志愿，通过他的坚持不懈，终于修建了中国人自己设计并建造的第一座大型桥梁——钱塘江大桥；法拉第没有上过学，所有的知识都是他自学的，他立志投身于科学事业，最终通过努力发现了电磁感应的基本定律；周恩来总理从小立志要“为中华之崛起而读书”，最终成为人民的好总理。

人不能光羡慕别人拥有的成就或财富，也要有自己的理想和志向。无论是希望自己能够获得成就、取得财富或者为社会做贡献，只要立下了远大的志向，并且为之付出努力，哪怕志向最后未能实现，无法画出浓墨重彩的一笔，但只要是朝着自己的目标付出行动，并坚持努力，这样的人生也不会是一张单调无色的白纸。

世事无常，“高枕”并不“无忧”

肖夏在这家公司已经工作十年了，算是真正的“老资格”了。十年前，肖夏从大学刚毕业就进入这家公司，从最基层的岗位做起。那会儿的他，干劲十足，人很勤快，也任劳任怨，英语专业毕业的他，总是主动争取更多的翻译工作，不惜占用自己的休息时间。那会儿他还特别积极上进，在工作中总是鞭策自己，虚心向他人学习，希望每一天都有不一样的收获和进步。

十年过去了，公司渐渐地发展成为上千人的大企业。而肖夏如今也是公司的部门总监，已经成为中层领导的他不再需要像之前那样干很多的具体工作了，很多时候只是签签文件，说说自己的想法和建议。时间长了，他曾经的那股干劲也丢失了，每天大部分的时间都在无所事事。

对于工作，他变得越来越不主动，有一些需要他亲自编写的报告，他都交代自己的下属去替他完成，甚至连安排午饭这种生活上的小事，也让下属去帮他做。当了几年领导后，肖夏除了在人际关系的处理上有所长进以外，工作能力其实是在原地踏步甚至是退步的，就连从前他最引以为傲的英语能力，也在不断地下滑，不少以前学习过的管理知识也忘光了。公司组织各种各样的培训，他也不太愿意参加。

在他眼中，公司的领导都是他相处十年的伙伴了，肯定不会为难他；而和他平起平坐的那些人，彼此都很熟悉，大家相处得也很融洽，自然也不会出现互相排挤的状况；至于新进公司的那些年轻人，他就更不会放在眼里了，毕竟他拥有多年的工作经验，不是那些小年轻一朝一夕能够学得来的。

于是，他每天都过着优哉游哉的生活，觉得自己的生活很舒服很稳定，以后工作也会越来越顺利，职位自然会一步一步地往上爬。然而，事情并非他想象的那般，公司领导决定对公司进行股份制改造，全员需要重新竞聘上岗。肖夏一下子就慌了，尽管他知道要着手准备述职报告，但是多年未曾握笔的他，竟不知从何入手。

在竞聘现场，肖夏连最基本的述职都搞砸了，对于领导的提问更是回答不上来，最后领导让他用英语来进行一个总结，他把自己从前最擅长的英语也忘得七七八八了，导致现场非常尴尬。竞聘的结果是，肖夏的职位被后来居上的年轻人给取代了，因为对方综合素质更高。而肖夏虽然没有被辞退，但是被调到一个打杂的部门去干行政工作了，接受不了落差的他，最终只好选择了辞职。

这个故事告诉我们，人生无常，稳定的状态往往是暂时的，高枕无忧未必就一定会有好的结局。

因此，当我们对已经拥有的一切感到理所当然的时候，当我们已经习惯了当下舒适稳定的生活的时候，当我们对自己取得的成绩感到满意的时候，我们就会变得安于现状，懒惰散漫，不思进取，最终等待我们的结局很可能就是被淘汰。

也许你不曾留意，但其实危机还潜伏在我们的日常生活中，就如古希腊一位哲学家所说："人类一半活动是在危机当中度过的。"既然危机无处不在，那我们更应该保持一颗警惕的心，要时刻保持危机感、责任感和紧迫感，我们才能够鞭策自己不断进步、不断自我完善。

古语有云："逆水行舟，不进则退。"孟子也曾经说过："生于忧患，死于安乐。"这些话都在告诉我们，凡事要未雨绸缪，防患于未然。如果我们在安乐的生活中能够保持忧患意识，那么即便出现磨难，也只是磨炼我们的意志，并不会把我们打倒。

比尔·盖茨有一句很著名的话，是和他的员工说的："所有员工都要有这样一个意识——微软公司还有六个月就要倒闭！”我们每个人都一样，都要有这种忧患意识，在安稳中不断提升自我，在困难中不断磨炼自我，才能够一直立于不败之地。

从来就没有一蹴而就的事业

现在的莫琪已经是一个小有名气的女企业家了，身边的人无不羡慕她有今天这么厉害的事业和名气。然而，如果你听说过她过往的经历，说不定会吓得张大了嘴巴。

当莫琪还是一个高中生的时候，为了将来好找工作，文理分科的时候选择了自己并不擅长的理科，这使得她后来一直学得很吃力，成绩也上不去，加上高考发挥失常，险些连大学都上不了。

读大学那几年，莫琪非常认真刻苦，不少同学都觉得考上大学就万事大吉了，于是纷纷忙于谈恋爱、打游戏和购物等，而莫琪则把这些时间几乎都花在了学习上。因为她知道，如果她不加倍努力，就会被其他人远远抛在后头。因此，莫琪大学的学习成绩非常优秀，毕业后也顺利地进入了一家大型企业工作。

这家单位工资待遇都不错，就是人际关系很复杂，工作一年多，莫琪觉得自己没有多少能力的长进，反而还被各种条条框框限制了发展。经过反复的考虑，她决定跳槽。莫琪选择了一家规模比较小，但是能实实在在学到东西的企业。小企业薪资固然不高，而且工作量大，但是莫琪不在乎，她勤勤恳恳，兢兢业业，工作三年后升到了总监的职位。不过，升职意味着工作量更大了，莫琪几乎没有了自己的休息时间，没有时间学习，没有时间提高。于是，她想，能不能去做一些更好的工作呢?

莫琪工作的城市是一个著名的旅游城市，一年四季都有游客过来观光游览。然而，各大旅行社为客户提供自助出行服务的非常少，莫琪觉得这可能是一个商机。于是，她拿出了自己工作几年攒下来的积蓄，成立了一家小型旅行社，专门为那些不愿意跟团的旅客提供个性化的出游服务，具体来说，就是提供吃住的便利和简单的行程，其余一切时间都让游客自行支配。

因为这一块的市场仍是空白的，莫琪几乎没有遇到什么竞争对手，生意越来越好，到后来，她索性辞掉了之前的工作，一心打理旅行社的业务。可是，当她想进一步拓展旅行社的业务时，她却发现自己不知道从哪里入手。尽管挣了不少钱，但是旅行社的发展依然遇到了瓶颈。莫琪觉得，这是因为自己缺乏专业的管理学知识和先进的管理理念。于是，她考虑再三，把旅行社给卖掉了，决定先出国深造。

几年的留学时光，莫琪几乎走遍了欧洲的每个角落，也认识了不少外国朋友，住了一些大大小小的旅馆，这些都是难能可贵的人生财富。回国后，莫琪选择去一家大型旅游公司工作了一段时间，丰富自己的相关工作经验。之后，她成立了一家国际旅游度假俱乐部，起初经营规模不大，主要针对前往欧洲旅行的客户，根据他们的个性化需求，定制旅行行程，让他们玩得自由，也玩得惬意。

后来，莫琪的生意越做越大，国际线从欧洲发展到美洲和澳大利亚。不过对于她来说，任何成功的事业都是需要不断学习和探索的，所以她还要继续丰富知识，不能止步不前。

其实，每一个像莫琪这样的人，都会有相同的感受，那就是：任何成功的背后都是无数付出的汗水。成功没有捷径，不管你是希望获得成功的事业，还是希望获得更多的财富，都需要经历千辛万苦，经历很多磨难的。知识的积累，经验的增长，需要一个人不断地去学习，去奋斗。如果你想一蹴而就，或是不劳而获，那么这可能永远都只是一个实现不了的梦。

功夫不负有心人，从这一刻开始努力吧，把命运掌握在自己手中。

在意大利，有一句流传甚广的话：“真正走得快得人，是那些走得慢但能坚持到底的人。”想要成就一番伟大的事业，就要沉下心来，聚精会神于你当前的工作，接受得了挑战，承受得了压力。上坡路总是难走的，所以我们更应该勇往直前、全力以赴去抵达目的地。

任何事情都不可能一蹴而就，你想要的成功亦是如此。只有坚持不懈的努力，才是真正取得成功的捷径。

戒除浮躁，不被杂念干扰

张晓明毕业于一所名牌大学，自从进入公司，他一直是兢兢业业地工作，但让他很郁闷的是，经理却并不看好他。

原因是，张晓明心浮气躁，小事情不愿意做，大事情又做不好。经理安排给他的工作，明明只是很简单的内容，他却频频犯错，完成得不够让人满意。

这一天，经理把一个专案的任务交代给晓明，让他独自完成。晓明心想这个专案非常简单，以自己的能力来说几乎不值一提，全然没有把它放在心上了。但是在完成的过程中，他却发现这个专案涉及各种七零八碎的琐事儿，他一忙乱起来心情就变差了，简直是越做越烦心。

结果，晓明的专案做砸了，别说是内行人，就算外行人一看，也是错漏百出。经理随手就给他指出了几点错误，他恼羞成怒，不服气地想：就这点破事儿还能难倒我不成？下次注意点就是了呗。

过了一阵子，经理又让他带人去执行另一个任务——实施一个策划方案。晓明想要做出点儿成绩来，却忘了对细节的斟酌考究。结果，他的心浮气躁让方案的执行没达到预期的效果，给公司带来了不必要的损失。

自此以后，经理便不再给他任何机会了，张晓明郁郁不得志，做事更加心浮气躁，犯的错误也是越来越多了。

浮躁，是我们幸福、快乐和成功最大的敌人。它表现的方式很多，无形地渗透在我们生活的每个角落。简单来说，我们每个人这一生都在与浮躁做斗争。

容易浮躁的人，做事往往半途而废，或是草草了事。他们常常感到焦虑不安，情绪更是喜怒无常，无法静下心来，集中精神去做好一件事。比如，他们若想读一本书，书才翻开，读不到几页便读不下去，掏出手机左看看右看看，时间很快就过去了，结果书还是读不到两页。

浮躁还容易让人心生烦闷，一点小事都可以令人坐立不安。如遇好事，便是兴奋得手舞足蹈，甚至是得意忘形；如遇坏事，则沉不住气，如同跌入万丈深渊一般痛苦，无法自拔。

我们所处的社会，我们的人生，充满了各种各样的诱惑。很多人想得到什么却得不到，于是越来越浮躁，而浮躁又会导致做事不专注，没有恒心，更想敷衍了事，最后导致失败，什么也得不到。因此，成就事业的方法，首先就要戒掉浮躁，静下心来。

现代人大多喜欢比较，似乎比较成了自我认知的重要方式。其实，如果比较得法，能够在比较中找到自我成长的契机，也是一个不错的方法。但是，如果比较不得法，最终恐怕弄巧成拙。最好的比较，其实是自己和自己比，把今天的自己和过去的自己比，让明天的自己比今天的自己更加优秀。只要努力了，你便会得到进步，只要进步了，今天的自己比昨天的自己就更上了一层楼。这样，即使如今你依然比不上别人，但是仍会在每天的努力和成长中有所收获，也会因自己的进步而感到快乐。

浮躁的人无法潜心前行，他们渴望一蹴而就，这是不正确的。古人云："不积跬步无以至千里，不积小流无以成江海。"做事最忌讳的就是一口吃成个胖子，我们每个人都应从眼下的一点一滴做起，从小事做起，着眼于细节，把每一步走好，循序渐进，方能成就大业。

人们的情绪很多时候也会受环境的影响。因此，容易浮躁的人，最好是多待在安静的地方，远离嘈杂。多与自己相处，品一杯茶，读一本书，独立思考，才会让自己逐渐学会控制情绪。

在现实生活中，不能让情绪牵着我们的鼻子走。要做一个理智的人，克服心浮气躁的情绪，真正做一个脚踏实地的人。

不要空喊口号，立刻行动起来

王明是一个大学生，他在一所二本院校读中文系，热爱文学的他和同学们一起成立文学社，创办社团杂志，杂志收录了社员们的作品。因为文学社经费有限，杂志制作得非常简陋，但因为内容足够精彩，还是获得了老师和同学们的广泛认可。

后来，社员们觉得尽管自己的作品得到了老师同学的认可，但传播的范围只局限于学校内部，毕竟比较小。如果想要进一步提高作品的影响力，就需要在知名度高的报纸杂志上发表文章。可是，经过一段时间的努力，大家发现这件事情比较难。第一，知名度较高的报纸杂志很难过稿；第二，通过一些知名作者分享的经验来看，编辑的喜好也难以捉摸。

于是，有些同学认为自己的写作水平有限，不敢投稿；有些同学害怕被退稿被拒绝，觉得这是一件丢人的事情；而有些同学则一直觉得自己还没有准备好，因此迟迟不敢投稿。所以，大家虽然有投稿的想法，但是却没有付诸行动。

可王明不这么认为。他仔细研究了很多报纸杂志的约稿函，然后决定试一试。他认真撰写，认真修改，琢磨了很久，终于写出了一篇自我感觉还可以的文章，于是他发到了某杂志社的邮箱。然而，两个月过去了，这个稿件没有收到任何回音。他知道自己投稿失败了，因为文章具有一定的时效性，因此这篇文章继续投给其他杂志报纸也被陆续退了回来，所以他辛苦撰写的稿子和满心的希望都落了空。看来，投稿真是一件不容易的事。然而，王明并没有因此而气馁。他觉得文章没有被采用，可能是因为不符合杂志风格，也是因为他缺乏投稿经验。

接下来，他又继续埋头写稿，准备了几篇稿子。他把具有时效性的稿子投到了审稿周期较短的杂志，这样一来，即便没有过稿他还可以投其他的杂志。其他方面的稿件，他根据内容风格选择风格相近的杂志报纸，投了出去。这次，他的努力有了成果，其中一篇时评被当地日报的时事专栏给刊登了。这件事，引起了同学们的轰动。

大家纷纷拜读了王明的文章。有些同学觉得，其实他写得一般，还不如自己，能够发表只是运气罢了；有些同学觉得，他一定是找到了什么捷径，或者是报社上有关系，于是纷纷来找王明请教经验。

王明谦虚地说：“我是没有什么经验可以传授的，不过就是觉得好的事情应该果断去做，不用考虑太多。就像投稿这件事，与其瞻前顾后的，不如投了再说，退稿就重新再写再投呗，没什么大不了的。”

其实，人生很多事情都是这样，错了就重新开始，失败了就从头来过，有什么大不了的呢？真正可怕的是，我们不敢出发，在出发之前不够果断，最后连失败的机会都没有。

很多人做事之前有犹豫不决的毛病，其实，治愈这种毛病最好的方式就是果断行动。童第周曾说：“我们的事业，需要的是手，而不是嘴。”如果你只是站在游泳池边上看，那么你永远都学不会游泳，只有果断地跳下去，才有机会学会；如果你站在机舱口看，永远体验不到跳伞的滋味，只有真正跳下去，才能够实现在空中飞舞的梦想。

所以，不要犹豫，不要拖延，不要把事情留到明天。想做的事，马上行动，从今天开始，从现在开始，果断行动。

哥伦布想要出海远航，为了得到资助，他等了 17 年的时间。后来，他觉得不能再等下去了，于是克服了巨大困难，终于得到了扬帆起航的机会。而如果那一刻，他选择继续等，没有果断行动，那么他可能一生都没有远航的机会，更没机会发现新大陆了。

空有目标，空有口号，没有实际行动的人，是无法实现目标和理想的。

人需要制定目标，同时也应具备向着目标果断出发的勇气，没有必要等到万事俱备才去出发，可以在过程中不断地自我完善，反而更有助于实现目标。

因此，不要害怕失败，不要犹豫，这一刻，果断出发吧。

加入地域交流群
和同地区书友
共享慢思考
》入群指南见勒口

也许对你来说，幸福是只晚熟的苹果

志刚和博宏是一对表兄弟，俩人一起成长，但是性格完全不一样。志刚比较外向，喜欢交际；博宏则比较内敛，沉默寡言，为人更踏实一些。

志刚家里有些背景，早早就下海经商了，生意一直做得比较顺利，三十来岁就坐上了总经理的位置。在20世纪90年代的初期，家里就给他买了一套大房子，让许多人都羡慕不已。不仅如此，他还经常到香港或是国外去，给老婆买各种金银珠宝，给孩子带最新款的游戏机，给家人带很多新奇的礼物。每每他开着豪华高端的小汽车回家探亲，大家都会向他投去羡慕的眼光，他的心里也因此美滋滋的。

然而，当志刚的生活已经风生水起的时候，博宏还只是一个事业单位后勤部的一名普通职员。因为家庭的原因，博宏的事业也受到了一定的影响。和他一起进单位的同事，工作几年后都得到了一定程度的晋升，只有博宏还在原来的岗位上默默耕耘。但是，事业的不顺心，并没有让他气馁。为了缓解经济上的压力，博宏每天下班后都会推着自行车去卖零食小吃，不管什么样的天气，他都不会偷懒。很多邻居看到了，对他冷嘲热讽的，觉得他和表哥志刚根本没法比，博宏听了，并不放在心上。

不知道是不是因为少年得志，使得志刚冲昏了头脑。在一次跨行业的投资项目中，他居然被其他合作伙伴骗走了大量的工程款，这让他损失惨重，债务重重。但这个时候，博宏却因为他的兢兢业业、勤勤恳恳，获得了领导的赏识，终于把他从艰苦的基层岗位调到了机关的办公室，每个月的工资也比之前有了一些增长。但是，升职加薪并没有让博宏沾沾自喜，他依然保持着原来的工作态度。

而志刚为了还债，已经卖掉了那套人人艳羡的大房子，和家人一起挤在一个小小的出租屋里生活。事业的挫败让他整日借酒消愁，不久后健康状况也出现了问题，被查出了严重的糖尿病，而且还引起了并发症。如今的他，已经无法下床走路了，只能依靠妻子和保姆的照顾勉强度日。但是，博宏的事业却开始上升，他被提拔为办公室主任，再一次升职加薪，使得家里的生活得到了大大的改善，不仅换上了大房子，前不久还给儿子买了套房子，为儿子准备了婚事。

这个故事告诉我们：或许有的人成功来得早了一点，但是要守住这份早到的成功并不容易；而有的人经历不少挫折，一步一个脚印才能走向成功，或许这样的成功会来得迟一些，却能维持得更久。

有一句俗话是这么说的："晚熟的苹果会更香甜。"

迟一点未必是坏事。在漫长的一生中，只要心中永远有梦想，什么时候开始都不算迟。人生其实就如同一场马拉松，最开始的领先不代表能够笑到最后，要时刻保持一颗警惕的心，要有危机意识，不到终点不能松懈，这样才能一路领先；一时的落后也说明不了问题，只要坚持不懈地一直往前跑，终能抵达胜利的终点站。

所以，不必抱怨自己运气不好，只要时刻做好准备，机会终有一天会青睐于你。在遭遇了一次次的挫折和困难之后，如果依然能够对人生保持积极乐观的态度，那么你对人生的意义一定会有更深的感触，一定能比别人体会到更多的幸福。

很多人都害怕失败，其实“失败乃成功之母”。在经历失败之后，如果能够从中获得经验教训，积累智慧，这会变成你人生中的一笔宝贵财富。美国著名电台广播员莎莉·拉斐尔在她30年的职业生涯中，一共被辞退18次。她也曾心灰意冷，她也曾怨天尤人，但最终她还是振作起来，在独立日当天做了一档标新立异的广播节目，抓住了这次宝贵的机会，一举成功。回忆起曾经的经历，她说：“我一共被辞退18次，这样的厄运本来已经足以摧毁一个人，但是没有摧毁我，它们反而激发了我，鞭策了我，让我变得越来越坚强。”

跌倒了就再爬起来，失败了就从头开始，一时的挫折和困难并不会让我们的人生垮掉，反而是一次可贵的人生经验。不要被厄运吓退，给自己一个释怀的微笑，给自己一个温暖的拥抱，咬紧牙关，重新上路，继续奋斗，那么你终会抵达成功的远方。

跌倒不算失败，跌倒了就站起来，只要能站起来，你就一定会发现，你比从前更坚强更有力量了。

保持狼的本性，直面内心最真实的自己

陈铭从小就有一个梦想，长大以后，他要当最出色的建筑设计师。因此，陈铭大学毕业后并没有着急就业，而是选择了继续出国深造。为了让陈铭出国，家里花光了所有积蓄。陈铭除了每天上课，课余的时间都在外面打工帮补自己的生活费，而他每天的伙食都很简单，一般是两个面包，好的时候就加一瓶牛奶。

凭借着这份努力，陈铭拿到了学校的奖学金。生活条件慢慢变好后，陈铭拿出了自己的一部分积蓄，去各个国家游历，对每个地方的建筑风格和特点有了很好的认识。留学生涯结束以后，他没有着急回国，而是在当地一家设计公司实习，每天帮一些出色的设计师做助理，其实就是打打杂，跑跑腿儿，每个月的薪水也仅仅够他维持生计。但是，这段经历让他亲眼见证了很多伟大的建筑由一张图纸发展到最后的全过程，让他的设计经验得到了很大的丰富，同时还认识了不少著名的设计师，这成为他人生难得的一笔财富。

回国之后，陈铭供职于一家知名的设计公司，许多他曾经的老同学如今都成了首席设计师，而他却只能从头开始。在公司里，陈铭非常注意自己的形象，为人谦虚有礼，所以很受同事欢迎。不过也有些人因为他出国留学的经历而心生妒忌，言语中满是挑衅和不屑，但是陈铭从来没有因此生气，脸上总是挂着笑容。在他们的设计公司，待遇是和每个月完成设计的质量和数量挂钩的，因此每接到一个项目，大家几乎都会疯抢，唯独陈铭没有，一直保持冷静从容。

慢慢地，同事们以为这个“海归”人才，不过是想在公司里头混日子，对他们的地位根本构不上威胁。领导也对陈铭心生不满，并且开始怀疑他的才华和能力。然而，事实证明，他们的想法错了。

有一次，公司准备参与一个重点项目的竞标，首先在公司内部选出参与竞标的作品。那天的会议有些让人预料不到，因为陈铭居然带了自己的作品来参加会议，这对他来说是第一次。起初，大家没有太在意，觉得陈铭第一次带作品肯定也不会太惊艳。正在所有人都为自己的作品喋喋不休时，陈铭把自己的图纸拿到了领导面前，说了一句：“您有空的话可以看一下。”领导才看了一眼陈铭的图纸，就立马中断了这次会议，把陈铭单独叫到了自己的办公室去讨论。领导对陈铭的态度，令很多人不满，但是最后陈铭的作品竞标成功了，这些人就哑口无言了。

通过这次的竞标成功，公司获得了一笔不错的收益，陈铭也一鸣惊人，成为业界小有名气的设计师，不少公司想要开高薪挖走陈铭。其实，陈铭之所以一直不争不抢，是因为他不希望自己的才华和精力浪费在平庸的项目上，而是希望自己每一次的设计都能震撼人心，因为他一直铭记着内心的理想——当最出色的建筑设计师。

耐心是一种人生智慧。有些人之所以能够保持耐心，不受周遭环境和舆论的影响，是因为他的内心有一个坚定的目标，知道自己想做什么，知道自己该做什么。多一点儿耐心，实际上是在等待最佳时机的到来，用最好的状态去迎接挑战。

其实，狼性并不是一个含有贬义的词，它代表着某一类人的本性，那就是不放弃，不苟活。狼不会着急展示自己，但是从来也不会隐藏自己的实力，一旦出现合适的目标，它们就会锁定目标，不轻言放弃。如果暂时没有成功获得目标，他们会耐心地在隐蔽处等待，一有合适的机会就要再一次出击。尽管有时候需要承受很大的痛苦，尽管有时候一等就是几天几夜，但是不会放弃锁定的目标。一旦找到机会，狼就会与之血战到底。这种特性，就如故事中的陈铭，他心中早已锁定了目标，那么无论遇到什么困境，无论要等待多久，他都不会轻言放弃，一旦出现机会，便一招制敌，一鸣惊人。

不妨做一只有耐心的狼吧，直面内心最真实的自己，认清自己到底想要成为什么样的人，不管遇到什么环境，不管遇到什么事情，都保持一点狼性。不必因为环境的变化而去改变自己，也不必去效仿他人。有时候，人生的意义就在于，你拥有一个目标，并且拥有耐心去攻克那个目标。